城市生活垃圾清洁直运

张剑锋 主编

张海华　金　洁　唐素琴 副主编

浙江工商大学出版社
ZHEJIANG GONGSHANG UNIVERSITY PRESS

·杭州·

图书在版编目(CIP)数据

城市生活垃圾清洁直运 / 张剑锋主编 . — 杭州 ：
浙江工商大学出版社 ，2021.4
ISBN 978-7-5178-4416-7

Ⅰ．①城… Ⅱ．①张… Ⅲ．①城市－垃圾处理 Ⅳ．
① X799.305

中国版本图书馆 CIP 数据核字 (2021) 第 058790 号

城市生活垃圾清洁直运

CHENGSHI SHENGHUO LAJI QINGJIE ZHIYUN

张剑锋 主编 张海华 金 洁 唐素琴 副主编

责任编辑	徐 凌
封面设计	王 辉
责任印制	包建辉
出版发行	浙江工商大学出版社
	（杭州市教工路 198 号 邮政编码 310012）
	（E-mail：zjgsupress@163.com）
	（网址：http://www.zjgsupress.com）
	电话：0571-88904980，88831806（传真）
排 版	杭州彩地电脑图文有限公司
印 刷	杭州宏雅印刷有限公司
开 本	710 mm×1000 mm 1/16
印 张	12.75
字 数	183 千
版 印 次	2021 年 4 月第 1 版 2021 年 4 月第 1 次印刷
书 号	ISBN 978-7-5178-4416-7
定 价	49.00 元

本书编委会

主　　编：张剑锋

副 主 编：张海华　金　洁　唐素琴

编　　委：盛宇翔　王　飞　袁璐韫　杨雪丽
　　　　　潘振华　聂甜甜　唐　攀　余　波
　　　　　施柏烽　柳志伟　潘　多　方剑杰
　　　　　孟　波　鲁　俊　邵　磊　宋　俊
　　　　　马超杰

支持单位：浙江省长三角标准技术研究院

前 言

Preface

随着我国城市化建设的不断深入，城市生活垃圾处理正逐步成为一大难题。有关资料显示，全国城市生活垃圾年产生量超过 1 亿吨，且以每年 10% 的速度增长。除县城外，我国已有 2/3 的大中城市陷入了生活垃圾的包围之中，且有 1/4 的城市已没有合适场所堆放垃圾。中央领导对城市垃圾处置工作高度重视，2011 年 4 月，国务院批转了《关于进一步加强城市生活垃圾处理工作的意见》，要求全国各地提高城市生活垃圾处理减量化、资源化和无害化水平，改善城市人居环境。可以说，解决垃圾的处理问题是我国城市化进程中绕不过去的"一道坎"。

国家对生活垃圾处理问题高度重视，全国各地纷纷将生活垃圾分类工作提上了日程。我国目前处理垃圾的方式有两种，一种是垃圾填埋，另一种是垃圾堆放，但无论是哪一种都需要占用大量的土地资源，而实现垃圾分类将大大降低土地占用面积。不仅如此，垃圾分类还可以最大限度地实现再生资源的合理利用，改善人们的生活环境，降低垃圾对地下水、土壤的污染。同时，垃圾分类作为全社会的共同责任，能够使民众学会节约资源、利用资源，养成良好的生活习惯，提高个人的素质素养。

本书围绕城市生活垃圾清洁直运这一重点，详细阐述了生活垃圾的分类、收集、运输等生活垃圾处理的基本知识，并且系统地对清洁直运的概念、标准及其信息系统和运行过程中问题分析及处理等方面加以描述。

本书共分为7章，第1章为《概述》，第2章为《生活垃圾收集》，第3章为《生活垃圾运输》，第4章为《清洁直运信息系统》，第5章为《清洁直运标准》，第6章为《清洁直运过程中的问题分析与处理》，第7章为《清洁直运相关法律法规》。

本书内容全面系统，涉及范围广泛，注重理论与实践的结合，适合广大学习生活垃圾清洁直运知识的人员培训、学习和工作使用。

书中缺点和不足之处在所难免，希望读者批评指正。

《城市生活垃圾清洁直运》编写组

2020 年 9 月

目　录

Contents

概　述

生活垃圾收集

生活垃圾运输

清洁直运信息系统

清洁直运标准

清洁直运过程中的问题分析与处理

清洁直运相关法律法规

1 概　述

1.1 生活垃圾简介

生活垃圾是指人们在日常生活中或者为日常生活提供服务的活动中产生的固体废物，以及法律、行政法规规定视为生活垃圾的固体废物，主要包括居民生活垃圾、集市贸易与商业垃圾、公共场所垃圾、街道清扫垃圾及企事业单位垃圾等。

1. 居民生活垃圾

居民生活垃圾由居民家庭生活直接产生的垃圾、街道和公园等公共场所清扫的垃圾、事业单位公务和生活服务垃圾、商店营业活动产生的垃圾等组成，但不包括市政修建渣土，食品加工业废物，集中供热、供暖锅炉燃料废渣等。每人每日垃圾平均产量因地区气候、生活习惯和家用燃料等有所差异，一般为每日每人 1—2 千克。其中，有机垃圾所占比例大于无机垃圾，且有日益增多的趋势。为了有利于垃圾的收集、处理、利用和保护环境，有些国家和地区对居民生活垃圾进行分类收集。如在日本分为可燃垃圾（纸屑、木料、纤维等）、不可燃垃圾（金属、玻璃、陶瓷器具等）、杂品垃圾（家具、电器、厨具、车辆等）和含水银垃圾（干电池、体温计等）。

2. 集市贸易与商业垃圾

在城市集市贸易与商业活动中产生的垃圾，包括各类包装材料和容器。商业垃圾中有相当一部分通过销售活动转入居民生活垃圾。

3. 公共场所垃圾

人们在公共场所工作、学习、参观、休息、旅游，开展经济、文化、社交、娱乐、体育、医疗活动等所产生的垃圾。

4. 街道清扫垃圾

多数为落叶、人们在街道上活动产生的丢弃物等。

5. 企事业单位垃圾

企事业单位在生产过程、员工活动中产生的垃圾。

1.1.1 生活垃圾现状

随着我国社会经济的快速发展、城市化进程的加快及人民生活水平的迅速提高，城市生产与生活过程中产生的垃圾废物也随之迅速增加，生活垃圾占用土地、污染环境的状况及对人们健康的影响也越加明显。城市生活垃圾的大量增加，使垃圾处理越来越困难，由此带来的环境污染等问题逐渐引起社会各界的广泛关注。国家高度重视环境保护问题，生活垃圾处理和污水防治工作已取得长足发展。然而，在我国城市垃圾产量不断增加的同时，生活垃圾的分类、回收和处理能力与发展水平相对滞后，即我国生活垃圾处理技术较为薄弱，因此，生活垃圾技术选择的处理往往成为一个城市生活垃圾处理的难题。

我国要实现城市生活垃圾处理的产业化、资源化、减量化和无害化，就必须面对生活垃圾混合收集、可回收物质的含量和热值低，垃圾含水率和可生物降解的有机含量高的问题。针对这些问题，多种多样的技术也应运而生，包括回收利用、填埋、焚烧和堆肥等。

1.1.2 生活垃圾的主要分类

生活垃圾一般可分为四大类：可回收物、有害垃圾、易腐垃圾和其他垃圾等，可回收物、有害垃圾、易腐垃圾的分类如图 1-1 所示。主要的生活垃圾有：塑料、电池、蔬菜处理物、剩餐、油漆和颜料、清洁类化学药品等。

1. 可回收物包括纸类、金属、塑料、玻璃等，通过综合处理回收利用，可以减少污染，节省资源。如：每回收 1 吨废纸可造好纸 0.85 吨，节省木材 0.3 吨，比等量生产减少污染 74%；每回收 1 吨塑料饮料瓶可获得 0.7 吨二级原料；每回收 1 吨废钢铁可炼好钢 0.9 吨，比用矿石冶炼节约成本 47%，减少空气污染 75%，减少 97% 的水污染和固体废物。

2. 有害垃圾包括废电池、废日光灯管、废水银温度计、过期药品等，这些垃圾需要经过特殊安全处理。

3. 易腐垃圾包括剩菜剩饭、骨头、菜根菜叶等食品类废物，经生物技术就地处理堆肥，每吨可生产 0.3 吨有机肥料。

可回收物（可再生利用的）	玻璃杯	玻璃餐具	窗玻璃	数码产品	金属餐具
	金属刀	金属架	金属水龙头	铁钉	铝箔
	不锈钢保温杯	保温壶	塑料瓶	塑料盒	插座
	泡沫塑料	肥皂盒	食品罐桶	奶瓶	奶粉罐
	洗护瓶	铜线缆	纸板	报纸	书本
	纸张	信封	广告单	快递包装盒	利乐包装
	衣物	箱包	床上用品	小家电	纸箱
有害垃圾（对人和环境有危害的）	充电电池	扣式电池	荧光灯管	日光灯管	弃置药品
	水银温度计	水银血压计	油漆容器	相片底片	杀虫剂容器
	染发剂容器	宠物驱虫药	消毒剂	老鼠药	油漆笔
	打印机墨盒	充电宝	电路板	芯片	半导体
	矿物油及包装	药品包装	卤素灯	节能灯	蓄电池
易腐垃圾（会腐烂的）	蔬菜	瓜类	豆类	菌菇	水果
	家养绿植	中药材/渣	剩菜剩饭	五谷杂粮	米面豆制品
	肉干肉脯	肉食内脏	小骨/碎骨	蛋	蛋壳
	鱼	虾蟹	其他水产品	一般坚果	山核桃
	饼干	糕点	蜜饯	糖果	调料/酱料
	茶叶渣	茶包	咖啡渣	宠物饲料零食	果壳

图 1-1　垃圾分类

1.1.3 生活垃圾的相关危害

1. 塑料：如塑料袋、塑料包装、快餐饭盒、塑料杯瓶、电器包装、冷饮包装等。

危害：难以分解，破坏土质，使植物生长速度下降 30%；填埋后可能污染地下水；焚烧会产生有害气体。

2.电池：如纽扣电池、充电电池、干电池等。

危害：纽扣电池含有有毒重金属汞，充电电池含有有害重金属镉，干电池含汞、铅和酸碱类物质等对环境有害的物质。

3.剩餐：如与垃圾或快餐盒倒在一起的剩饭等。

危害：大量滋生蚊蝇；促使垃圾中的细菌大量繁殖，产生有毒气体和沼气，引起垃圾爆炸。

4.油漆和颜料：如建筑、家庭装修后的废弃物等。

危害：含有有机溶剂的油漆可引起头痛、过敏、昏迷或致癌，是危险的易燃品。颜料中多含重金属，对健康不利。

5.清洁类化学药品：如去油、除垢、光洁地面、清洗地毯、通管道等化学药剂，空气清新剂、杀虫剂、化学地板打蜡剂等。

危害：石油化工产品含有机溶剂，具有腐蚀性；含氯元素（如漂白剂、地板洗剂等），对人体有毒；药品含破坏臭氧层物质；约有50%的杀虫剂含有致癌物质，有些可损伤动物肝脏。

1.1.4 国内外生活垃圾处理技术

目前，国内外广泛采用的城市生活垃圾处理方式主要有卫生填埋、堆肥法、焚烧法、发酵产沼气法。2008年的统计数据表明，发达国家处理生活垃圾方式以焚烧为主，日本、新加坡、法国、比利时、德国、荷兰、瑞士、丹麦、瑞典等国所采用焚烧的比例分别为79%、41%、32%、36%、35%、39%、59%、54%、49%，国内主要以填埋法为主，填埋、焚烧、堆肥所占比例分别为81%、14%、3%。

近年来，土地资源日益紧张，垃圾热值逐渐提高，国内焚烧法的比例呈上升趋势，堆肥处理处于萎缩状态，卫生填埋处理场的数量和处理能力处于增长状态。根据《中国城市建设统计年鉴2019》的数据，截至2019年，全国设市城市、县及部分城镇共建设生活垃圾无害化处理厂（场）1183座，其中填埋场652座、焚烧厂389座、堆肥及其他类型处理厂（场）142座。全国设市城市生活垃圾清运量为2.42亿吨，城市生活垃圾无害化处理量为

2.4 亿吨，其中，卫生填埋处理量为 1.1 亿吨，占 45.83%；焚烧处理量为 1.2 亿吨，占 50.00%；其他处理方式处理量为 0.1 亿吨，占 4.17%。

1. 卫生填埋法

卫生填埋是目前国内外广泛采用的垃圾处理技术，也是必不可少的垃圾最终处置技术。美国土地面积大，填埋法较焚烧法的成本低，因而主要采用填埋法处理垃圾，填埋所占垃圾处理比例为 50%。英国土壤结构中有 20—30m 的天然土层，具有良好的防渗能力，较适合填埋，因此普遍采用填埋工艺，填埋所占比例为 55%。我国填埋所占比例为 81%。

（1）填埋法的技术现状

填埋处理是将垃圾埋入地下，通过微生物长期的分解作用，将之分解成无害的化合物。该处理技术成熟，操作管理简单，处理量大，运行费用低，能处理处置各种类型的废物，并可利用垃圾填埋产生的气体发电，为城市提供电能或热能。

目前，国外现代化大型生活垃圾卫生填埋场大多采用单元填埋法，并对垃圾进行分层压实和每日覆盖，填埋场防渗处理采用人工合成材料作为衬底，通过收集管将填埋沼气导排并使其安全直燃，或通过管网系统收集后经过净化处理作为能源回收利用。我国的生活垃圾填埋场可分为三类：简易填埋场、受控填埋场和卫生填埋场。严格按照标准建设和运营的卫生填埋场的数量较少。我国多数采用厌氧填埋法。

（2）填埋法存在的问题

在城市化进展越来越快的今天，填埋场的选址越来越困难，卫生填埋处理占用大量土地资源，填埋场占地时间很长，不利于土地资源再利用，而且垃圾填埋过程中会产生大量的渗滤液、填埋气体和垃圾飘尘，对环境造成污染。

2. 焚烧法

焚烧法具有处理量大、速度快、占地面积小的优点，是使生活垃圾减量化、无害化、资源化的有效处理方式。目前，日本、瑞士、比利时、丹麦、法国、瑞典、新加坡等国所采用焚烧的比例，已接近或超过填埋。垃圾焚烧也已成为我国垃圾处理的一个重要方向。然而，由于我国生活垃圾成分复杂，缺乏有效的分类收集，热值不高，虽然垃圾焚烧发电近几年发展速度较快，但总比重仍然较低，主要集中在东部沿海发达地区。

（1）焚烧法的技术现状

焚烧是一种对城市生活垃圾进行高温热化学处理，将其变为无机灰渣的过程，在800℃—1000℃的高温条件下，生活垃圾中的可燃组分与空气中的氧发生剧烈的化学反应，在这个过程中释放出能量，得到高温燃烧气体和少量性质稳定的固体残渣。垃圾焚烧产生的高温气体可作为热能进行回收利用，焚烧得到的性质稳定的残渣可直接进行卫生填埋，或作为二次建材加以利用。该方法减量效果明显，垃圾经焚烧处理后一般可减量80%—90%；占地面积小，选址灵活，可在市区建设，节省垃圾收运费用。

国外的焚烧技术已发展得比较成熟，机械炉排焚烧炉的类型已成熟。目前，美国、德国、日本等发达国家先后开展了生活垃圾气化熔融技术的研究。我国垃圾焚烧处理技术主要包括炉排炉技术和流化床技术，其中炉排炉技术占比较大，主要靠引进国外技术，而流化床技术主要以国产技术为主。

（2）焚烧法存在的问题

垃圾焚烧面临的最主要问题是垃圾焚烧废气的产生，包含颗粒物、SO_2、SO_3、NOx、HCl、HF、重金属、二恶英等多种污染物，其中最受关注和争议的为二恶英。尤其在我国，生活垃圾水分和灰分含量高、热值低，需要较多的辅助燃料，除少数经济较发达的城市外，其他城市的混合垃圾热值较低，含渣量较高，而焚烧飞灰未得到安全处置。因此，近年来，国内生活垃圾焚烧厂建设曾受到质疑。

3. 堆肥法

目前，国内外堆肥法处理垃圾的比率逐渐下降，我国传统堆肥技术虽然历史悠久，但因为我国未有效执行垃圾分类，堆肥处理率并不高。

（1）堆肥法的技术现状

堆肥法是利用自然界中的微生物来降解垃圾中的有机质，使其变为稳定的腐殖质，可作为肥料。目前，国外发展较快的堆肥方式为庭院垃圾堆肥和制造有机复合肥。我国常用的生活垃圾堆肥技术主要为简易高温堆肥技术和机械化高温堆肥技术。

（2）堆肥法存在的问题

堆肥处理设备技术水平低，发酵期间容易产生恶臭，工艺条件难以控制，难以保证堆肥设施的长期、连续、稳定运行，堆肥效率低。同时，垃圾中的有害成分对大气、土壤及水源造成了严重污染，不仅破坏了生态环境，而且严重危害人体健康。

4.厌氧发酵技术

厌氧发酵技术能较好地实现生活垃圾的资源化、无害化和减量化。2006 年，欧洲建造和运行的厌氧发酵厂达到 124 座。目前，国内正逐步发展厌氧发酵技术，建设厌氧发酵处理厂。

（1）厌氧发酵处理的技术现状

所谓厌氧发酵处理，是指在特定的厌氧条件下，微生物将有机垃圾进行分解，其中的碳、氢、氧转化为甲烷和二氧化碳，而氮、磷、钾等元素则存留于残留物中，并转化为易被动植物吸收利用的形式。国外厌氧发酵技术主要有高温和中温厌氧发酵、干法和湿法厌氧发酵、单级和多级厌氧发酵。

（2）厌氧发酵技术存在的问题

一般生活垃圾直接厌氧发酵制作沼气难度较大，进行工程化应用还不成熟，而且，并非所有的生活垃圾都适用于厌氧发酵制沼气。因此，为达到理想的处置效果，首先要对垃圾进行分类，其次应对生产流程进行严格的控制。

1.1.5 生活垃圾处理的 3R 原则

1.减少（Reduce）

"减少"即减量化原则，要求用较少的原料和能源投入达到既定的生产目的或消费目的，进而从经济活动的源头就注意节约资源和减少污染。

减量化有几种不同的表现。在生产中，减量化原则常常表现为要求产品小型化和轻型化。此外，减量化原则要求产品的包装应该追求简单朴实而非豪华浪费，从而达到减少废物排放的目的。如：

（1）在购物时，尽量选择精简包装的物品；

（2）购物时携带购物袋，尽量少用塑料袋。

2. 重复使用（Reuse）

"重复使用"即再使用原则，要求制造产品和包装容器能够以初始的形式被反复使用。

再使用原则要求抵制当今世界一次性用品的泛滥，生产者应该将制品及其包装当作一种日常生活器具来设计，使其像餐具和背包一样可以被重复使用。再使用原则还要求制造商尽量延长产品的使用期，而不是鼓励更新换代。如：

（1）用过的塑料食品容器可以用来装剩下的食物；

（2）用过的玻璃罐可以用来装些干货，例如大米、豆子、糖和调料等；

（3）用过的布袋可以将食物从市场带回家。

3. 循环利用（Recycle）

"循环利用"即再循环原则，要求生产出来的物品在完成其使用功能后，能重新变成可以利用的资源，而不是不可恢复的垃圾。

按照循环经济的思想，再循环分两种情况：一种是原级再循环，即废品被循环用来产生同种类型的新产品，例如报纸再生报纸、易拉罐再生易拉罐等；另一种是次级再循环，即将废物资源转化成其他产品的原料。原级再循环在减少原材料消耗方面达到的效率要比次级再循环高得多，是循环经济追求的理想境界。如：

（1）根据垃圾箱上标明的相应回收标志，自觉进行垃圾分类，并鼓励邻居也这么做；

（2）对可回收垃圾进行分类处理，便于清洁工对各种垃圾进行区别；

（3）亲戚朋友间进行衣物、用品交换，或把闲置不用的物品赠予他人；

（4）纸、硬纸板、易拉罐和瓶子等可以卖到附近的废品收购站，免费把有用的垃圾送给拾荒者，鼓励他们持续回收。

1.1.6 生活垃圾处理发展趋势

填埋技术作为生活垃圾的传统和最终处理方法，虽然填埋处理垃圾占比有下降趋势，但填埋处理仍占据重要的地位——尤其是在不发达国家。垃圾焚烧已成为我国垃圾处理的一个重要方向，随着我国城市生活垃圾焚烧技术水平的不断提高，焚烧余热利用特别是余热发电进入了加速起步阶段。同时，国外正稳步发展焚烧发电和厌氧发酵产沼气技术。厌氧发酵厂在我国的数量也逐步增加。

然而，由于生活垃圾组分的复杂性，单一的垃圾处理技术存在一定的弊端，会造成二次污染或者资源的浪费。从节能减排和循环经济的角度来看，垃圾分选回收利用、垃圾的综合处理是未来的一个发展趋势。

1. 水泥窑与垃圾焚烧厂联合处理

发达国家已寻求新的生活垃圾处理技术，现有工业协同处理废物技术逐渐成为处理生活垃圾的新视点。现有工业处理固体废弃物不仅能消除废弃物对环境的污染，而且能为现有工业提供原料和燃料。国外已开发出多种水泥工业和生活垃圾协同处理的技术，并取得了明显效果，如日本的水泥厂把垃圾焚烧厂焚烧生活垃圾时产生的灰渣、飞灰等废物作为生产水泥的替代原料。

2. 水泥窑焚烧—厌氧消化技术联合

利用水泥窑协同综合处理生活垃圾，如用水泥窑—厌氧消化技术联合处理生活垃圾是我国生活垃圾多元化处理的一种新模式。

将垃圾分选后，可燃组分可供水泥窑或焚烧厂焚烧用能，而对有机易腐垃圾采用厌氧消化技术，该技术尤其适合对高含水率、易降解有机物进行处理。在厌氧消化过程中，有机物的碳大部分以沼气和部分二氧化碳的形式释放并进行处理，沼气经净化与处理后可用于发电，发电后的热尾气可以用作替代燃料的烘干热源。

3. 提倡垃圾分类和回收利用

生活垃圾分类收集、回收是垃圾前处理环节，是根治生活垃圾污染的根本途径和发展循环经济的前提条件。通过分类收集，不仅能使资源得以再生利用，而且能使垃圾的体积变小，减少运费，降低垃圾处理的难度，最终降低垃圾处理的成本。同时，垃圾分类收集能简化垃圾处理技术，提高垃圾处理效率。垃圾分类收集后，可将其中的可燃成分进行焚烧发电，提高热效率；可以将易降解的有机物分选出来进行堆肥处理，提高堆肥的质量；可以减少用于填埋的垃圾中湿垃圾和有毒有害垃圾的含量，从而减少环境污染。

我们提倡实施生活垃圾的分类收集，以尽可能地对生活垃圾进行回收和循环资源化利用。

4. 鼓励有机垃圾堆肥处理

今后，国外生活垃圾综合处理体系中的堆肥技术仍将占有重要位置。

5. 稳步发展垃圾焚烧技术

城市生活垃圾的焚烧发电，是指利用焚烧炉对生活垃圾中可燃物质进行焚烧处理，达到无害化、减量化和资源化的目的，焚烧 2 吨垃圾产生的热量大约相当于 1 吨煤产生的热量。

垃圾发电在发达国家已是成熟的产业，并进入了产业化、市场化的成熟阶段。发达国家已经审视垃圾焚烧发电技术的环境友好性，焚烧发电技术在发达国家得到越来越广泛的应用。

垃圾焚烧处理技术已有 100 多年的历史，预计将继续得到发展。

6. 完善垃圾填埋处理技术

尽管填埋技术的处理率有所下降，但该技术仍是垃圾处理的最终方式。预计垃圾填埋场的污染控制措施会得到不断完善，并向大型化发展，同时将限制最终进入垃圾填埋场的有机物含量。

1.2 清洁直运的概念

我国的垃圾收运体系受到国家法律法规、政策、经济发展现状、环境需求、技术水平、居民教育水平和环境意识等多种因素的影响。从总体上来看，整个收运体系由政府主导。我国在垃圾收运体系上已经进行了长时间的研究与探索，但与无害化、减量化和资源化的要求还存在较大差距，规范性、系统性、科学性不强，理念和思路上也不明确，垃圾收运体系建设长期停留在表面，存在严重脱离实际的情况。整个垃圾收运系统表现为：环卫工人劳动强度大，区域机械化水平差异大；清运转运车辆、设备能力不足；缺乏系统性，过程衔接能力差；整体运营管理粗放。

因此，我国一直在向国外尤其是西方发达国家学习，引进、吸收、消化并改进了一大批涉及生活垃圾收运的技术，对缓解我国的垃圾围城问题起到了重要作用。然而，这些方法、经验和技术在中国的实际应用过程中遇到了不同类型的问题，有些甚至难以持续推进。

杭州市在国内外垃圾收运经验的基础上，提出了"清洁直运"的垃圾管理方法，坚持以直运为主、中转为辅，淘汰老式垃圾清运车，现有小区和新建小区不再有集中式垃圾中转站。

所谓清洁直运，是指利用装备有密闭、压缩设备的作业车辆，在投放点、收集容器集置场所对生活垃圾进行分类收集后，直接运送或者经密闭接驳运送至相应垃圾处理场所，进行无害化处置的一种生活垃圾收集收运方式。

1.2.1　国内垃圾收运现状

随着我国城市化建设的不断深入，城市垃圾处理正逐步成为一大难题。有资料显示，全世界城市垃圾年产生量为 6.5 亿吨，而我国城市垃圾年产生量就达到 1.52 亿吨，占世界垃圾总产生量的 26.5%；国内现有城市 668 座，城市生活垃圾年产生量超过 1 亿吨，且以每年 10% 的速度增长。此外，历年的垃圾堆存量已达 70 亿吨。除县城外，我国已有 2/3 的大中城市陷入垃圾的包围之中，且有 1/4 的城市已没有合适场所堆放垃圾。

目前，我国涉及生活垃圾收集、运输的单位较多，其中以政府环卫部门和专业环卫公司为主。一般来说，城市街道和社区的生活垃圾主要由环卫部门负责收集，其余部分则由不同的产生主体自行收集。另外，环卫部门还要负责从垃圾转运站到垃圾处理设施的运输工作，如图 1-2 所示。

大体上，我国的垃圾收运模式可以分为初次收运和二次收运。垃圾从产生源头到收集点的贮藏和运输过程就是初次收运。初次收集多采用散装点收集、垃圾桶（箱）收集、垃圾房收集和垃圾车收集等方式。在我国很多城市尤其是南方城市，企事业单位、城市道路和小区垃圾初次收运工作均委托给环卫公司完成。从收集点到处理处置场地的贮藏和运输过程则是二次收运过程，通常这一过程由市政环卫部门完成。不同城市甚至同一城市的不同区域，垃圾收运模式存在较大区别，通常，城市核心区（商业、行政、集中生活区）的垃圾日清运率能够达到 100%，而偏远区域的垃圾收运工作，无论是初次收运还是二次收运，均处于无序或未开展状态。

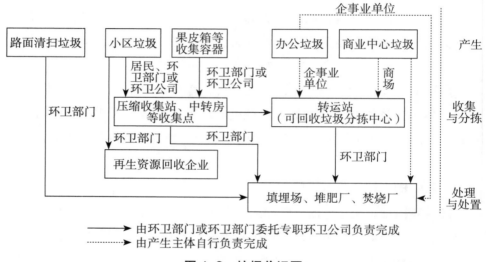

图 1-2　垃圾收运图

当前，我国城市生活垃圾基本采用混合收集方式，同时存在居民自愿、拾荒者和环卫工人参与的垃圾分类收集回收工作的情况。据报道，北京拾荒者数量在巅峰时期超过 15 万人，每年可以从产生的垃圾中回收一半垃圾。然而，这些个体或群体完成的垃圾回收属于"非正式废弃物回收体系"，存在市场混乱、无序经营、效率低、二次污染等弊端。

20 世纪 90 年代，我国部分城市便已开始对垃圾分类收集处理的探索。1993 年，北京市率先制定《城市市容环境卫生条例》，对城市生活废弃物逐步实行分类收集；2000 年，北京、上海、南京、广州、深圳、杭州、厦门、桂林等 8 个城市被列为全国首批生活垃圾分类试点城市。各个城市根据自身特点，制订了垃圾分类收集方案并逐步推行。有的城市加大硬件投入，设置分类垃圾桶，鼓励居民分类投放；有的城市尝试新的分类收集与运输技术和设备。这些举措对我国的垃圾分类回收工作起到了一定的作用。然而，到 2003 年，除极个别城市外，多数城市的垃圾分类收集工作基本处于停滞状态。总体上，第一批试点城市在垃圾分类收集实施的过程中，缺乏统一标准，进展非常缓慢。在实施前，对"分什么""怎么分""分类之后怎么处理"的路径和技术问题没有达成共识；在实施过程中，很多地方资金投入不足，仅仅依靠环卫部门来推进相关垃圾分类工作，无法形成合力；同时，居民的生活习惯尚未养成，垃圾分类意识比较淡薄。

下面就广州市、深圳市和大连市的垃圾收运模式展开具体阐述。

1. 广州市

1998 年，广州开始推行垃圾分类的收运模式。然而，经过近 20 年的实践，垃圾分类收运模式依然没有达到设计要求。生活垃圾处理工作仅靠政府的环卫、城管、建设等部门执行，脱离实际。流动人口数量巨大，并与常住居民的生活习惯和环保意识存在较大差异，成为垃圾分类工作难以为继的重要影响因素。

1998 年，广州市先行试点垃圾分类工作。整个过程可分为三个阶段：第一阶段（1998—2004）为政府主导阶段，居民和企业按月缴纳处理费；第二阶段（2005—2009），垃圾分类不理想，政府转为依赖焚烧发电解决垃圾问题；第三阶段（2009 年之后），因群众反对建设垃圾焚烧发电厂，促使政府重新重视垃圾分类工作。

借鉴台北的"垃圾不落地"政策，广州于 2012 年 7 月开始，在部分成熟小区实施"按袋计量收垃圾费"以及"垃圾袋实名制"，计划在各区选两个小区试点，垃圾袋收费标准为每个 0.5 元。此后，广州市垃圾分类"按袋计量收垃圾费"政策首个试点在越秀区东风东路万科金色家园落地。2012 年 7 月 10 日，广州市正式召开垃圾处理动员大会，对于垃圾分类，明确4个试点项目："垃圾不落地"的收运方式、厨余垃圾"专袋投放"、生活垃圾"按袋计量收垃圾费"和餐厨垃圾集中收集处理。"按袋计量收垃圾费"及"垃圾袋实名制"在执行过程中引发了社会热议，有人认为实名制会带来个人信息的泄露，还有很多人会往分类垃圾袋中投放未分类的垃圾。通过"实名制"来追究未进行垃圾分类投掷的个人责任，并进行教育和引导，存在巨大的人力、物力和财力的消耗，也缺乏足够的法律法规依据，不利于工作的开展。

目前，广州市主要采用的收运方式为车载桶装的方式，即将垃圾用240升的垃圾桶收集后，采用载重量为2吨的黄色机动收运车装载运输至转运站压缩，再用载重量为10—16吨的大型运输车运至终端处理设施。在垃圾转运中，垃圾转运站存在多种问题，如：建设标准低，现场环境控制难，影响周边居民生活；压缩转运效率低，长时间作业或超负荷运营现象严重；压缩站功能相对单一，难以与垃圾分类体系相匹配；转运车辆防滴漏性能较差，压滤液沿途滴漏现象时有发生。

2. 深圳市

深圳市垃圾收运站主要有三种类型：一是原始的垃圾桶屋。这种原始型收运站卫生条件较差，主要设在特区外。二是平台中转站。垃圾实行定时定点倾倒，环卫工人按规定时间用手推车将垃圾运到该站。在平台上将垃圾倒入后装式压缩车运走。这种类型的收运站主要问题是垃圾车填装作业时噪音大且垃圾站利用率低，有效利用时间不超过3小时，造成环卫设施空置率大。三是集装箱型垃圾压缩收运站。实行不定时倾倒，垃圾即来即倒，被压缩至大容量集装箱内，装满后再运走。这种垃圾收运站从2002年开始在深圳推广。

3. 大连市

2008年，大连市提出了在城市中心区建立中转与直运相结合的垃圾收运新模式。大连在中心城区规划建设了3座规模从200—1000吨不等的垃圾压缩中转站。垃圾经压缩处理后，体积减小，含水量低，有效减轻了运输过程中的污染。此外，大连改进了垃圾压缩中转设施，引进"智能移动式垃圾压缩中转车"。该设备一次运输量相当于 8 吨位垃圾车的 3 倍多，占地面积小，对周边环境没有污染，压缩时产生的污水会自动排放到排污井内，再由配套的拉臂车将压缩箱直运到垃圾场进行填埋处理，有效解决了洒漏问题。

1.2.2 国外垃圾收运现状

目前，除部分较发达国家采用分类方式回收城市生活垃圾外，大多数国家均采用混合收集方式进行垃圾收运。发达国家的垃圾分类回收模式已经达到较高水平，其具体形式大致可以分为：

（1）限定具体日期或以星期为周期来分类收集不同种类的垃圾；

（2）在适宜地点设置分类回收箱；

（3）采用分类收集袋来分装收集不同类型的垃圾。

下面对法国、美国和德国的垃圾收运模式进行具体阐述。

1. 法国

法国从 20 世纪 80 年代中期开始，对垃圾分类收集的可行性进行了全面深入的研究，并对有毒有害垃圾和粗大垃圾进行分类收集。进入 20 世纪 90 年代以来，法国各城市在不同程度上实行垃圾分类收集，许多城市在不同地点和场所设置了不同类型的有用物质和有毒垃圾分类收集容器，以满足城市垃圾分类收集和运输的需要。

在法国，对垃圾实行较为严格的分类收集的城市一般对垃圾收集容器和收运设备设施均进行了改造配置。为了满足垃圾分类收集的需要，这些城市通常会配置各种类型的垃圾收集容器，并建造住宅小区垃圾分类收集站。在这种垃圾收集站内，设置有废玻璃瓶收集箱、易拉罐收集箱、废塑料收集箱、废纸和废纸板收集箱，以及回收废机油的回收油罐和回收废电池、废荧光灯管等有毒有害物质的收集槽。

2. 美国

美国各城市主要采用分类收集方式收集生活垃圾，各地普遍配备了各种分类收集垃圾箱和密闭式垃圾车，以保证实现分类收运。通常由专门从事废弃物收集处理的公司进行运作。目前，针对可回收垃圾，美国的具体收集模式有垃圾分流、源头分类和混合收集。垃圾分流是美国近几年兴起的垃圾收运处理方式，它将食品垃圾、庭院垃圾和餐厨垃圾等按类别作为分流目标，使之在源头实现分流，直接进入适用的处理程序。这种方式既促进了不同成分废物的分类处理，也促进了废物资源的循环再生。如，针对居民家庭中的厨余垃圾和庭院垃圾，宾夕法尼亚州马卡尔市通过举办绿色使命活动，为居民配备了标准的 240 升带轮绿色垃圾箱，从而达到垃圾分流的目的。源头分类是美国各州推进的垃圾分类措施之一，它不仅能够实现垃圾的源头控制和源头减量，也能够有效提升各类生活垃圾成分的纯度，促进各类有用物质的再生循环利用。如，费城的居民按照分类要求将报纸、饮料罐等可回收物分别放到带有户主姓名和地址标码的容器内，然后由垃圾收集车将这些容器一并运到加工厂统一分拣。政府每月按每户居民回收垃圾的数量发放代金券。居民在指定的银行设立代金券账户，每月结算一次。代金券可在指定杂货店、餐馆、娱乐场所等使用。美国森林纸张协会 2004 年的一次调查表明，混合收集可回收利用垃圾的方式对纸张的回收利用费用增加了，因为纸张里混有其他材料，使得加工处理变得更复杂，分拣费用也相应增加，但收集运输费用却减少了。但混合收集方式的最大好处是方便了居民，受到多数家庭的欢迎。

3. 德国

基于生活垃圾的分类与环保政策、循环经济政策的大力支持，德国成为生活垃圾分类收集工作进展最好的国家之一。德国重视源头的控制和分类管理，垃圾分类非常细，不是简单地将垃圾分为生活垃圾、工业垃圾、医疗垃圾、建筑垃圾、危险废物，而是将其分为纸、玻璃（分为棕色、绿色、白色）、有机垃圾（残余果蔬、花园垃圾等）、废旧电池、废旧油、塑料包装材料、建筑垃圾、大件垃圾（大件家具等）、废旧电器、危险废物等。

在德国，垃圾收集体系分为收和送。居民家中基本设有有机垃圾收集桶和剩余垃圾收集桶，一桶剩余垃圾的收集处理费用明显高于一桶有机垃圾的收集处理费用；各户居民可根据自己产生的垃圾量，确定所需垃圾桶的大小，桶大小不同交费也不同，城市环卫部门会定期上门收取和清空垃圾桶。同时，在各居民小区设有纸、玻璃（棕色、绿色、白色）和塑料等废旧包装材料（标有绿点标志）的收集桶，各住户可把废旧纸、玻璃瓶等送至小区的该类垃圾收集桶中。大件垃圾（大件家具等）、废旧电器和危险废物等有专门的回收点，居民可将其免费送至回收点，但对一些特殊的物质，如废旧轮胎，居民就必须付费。所有的企业或公司都要对自己产生的垃圾付费。

1991 年 6 月，德国政府颁布了世界上第一个由生产者负责包装废物的法规——《废物分类包装条例》，明确指出包装的生产者和销售者必须对他们引入流通领域的废旧包装物承担回收和再生利用的义务。为了落实《废物分类包装条例》，德国成立了由众多民营企业合办、具有中介性质的德国回收利用系统股份公司（DSD 公司），组织相关企业对有绿点标志的商品包装等垃圾实施"绿点制"回收处理利用，德国绿点标志如图 1-3 所示。包装垃圾循环流程如图 1-4 所示。DSD 公司属于非营利性公司，经营活动所需资金均源于向企业颁发"绿点"商标许可证收取的绿点使用费。充分运用市场经济手段是德国"绿点"回收的重要特征。

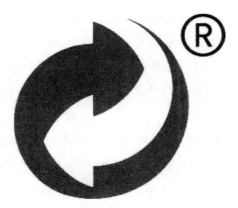

图 1-3　德国绿点标志
（Gruner Punkt）

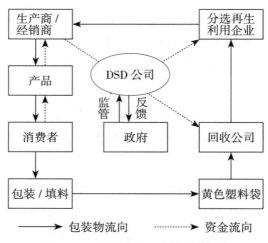

图 1-4　德国包装垃圾循环流程

1.2.3 杭州提出"垃圾清洁直运"

概括地讲，我国城市生活垃圾运输存在的主要问题有：垃圾产量逐年递增，垃圾种类繁多使垃圾转运存在很大问题，原有的垃圾收集、转运、运输设备落后，垃圾运输操作方式落后，垃圾二次污染问题突出（如垃圾中转站规划、选址和建设）等。下面以杭州市为例展开阐述。

杭州作为具有广泛国际知名度的旅游城市，近年来和一些国内大型城市一样，面临着一个日益严重的矛盾：市民对生活环境的要求日益增长，但城市环卫体制与生活垃圾的作业方式没有发生转变，"垃圾问题"时常成为引发信访或群体性事件的"导火索"。杭州现阶段城市垃圾管理难题主要集中在以下三个方面。

一是杭州市区垃圾产生量逐年递增的趋势，以及垃圾成分的变化对垃圾转运工作的挑战。杭州市区生活垃圾产生量逐年增加，年增长率达到10.2%，这给杭州垃圾收集、运输、处理等环节带来了很大的压力。由于杭州城市生活垃圾之前主要采用混合收集方式，而垃圾含水量高，有机物含量高，这不仅加大了垃圾后续处理的难度和成本，在收集、运输环节也更容易引发二次污染。

二是原有垃圾收集、转运方式和设施相对落后，垃圾二次污染问题突出。受各种因素的影响，杭州市区原有生活垃圾收集大部分采用人力三轮车驳运至垃圾中转站转运的方式，垃圾收集运输过程中的抛洒滴漏情况比较严重。同时，受辖区管理限制，各辖区各自负责范围内的垃圾运输，受财力和管理水平的制约，导致垃圾收集环节多、运输设备参差不齐。由于垃圾具有成分复杂、腐蚀性强的特点，对车辆损害较大，易使车辆出现各种问题，导致垃圾污水等沿路外溢，造成对城市环境的二次污染。

三是垃圾中转站规划、选址和建设困难，易引发信访和群体性事件问题。市区垃圾中转站距周边居民住宅比较近，对居民造成的噪音、臭味、安全等影响较大，垃圾渗滤液得不到有效收集，影响周边的环境。特别是一些临时中转站和简易中转站，类似于垃圾堆放场，二次污染更为严重。近年来杭州市因中转站问题发生过多次群体事件。2007 年，杭州余杭塘河垃圾中转站由于遭到杭州市城西周边政苑小区、物华小区等居民的强烈反对而停建。2009 年 4 月，杭州市政府计划在姚江路与秋涛路交叉口建设一座能日处理垃圾近千吨的大型垃圾中转站，因地处杭州市钱江新城，遭到周围数万名居民的强烈抵制。同年 6 月，杭州市拱墅区计划建造一座花园式地下垃圾中转站，尽管这个"花园式"垃圾中转站将配备众多的截污除臭设施，垃圾处理也在地下，这个意在解决城市垃圾转运难题的新构想还是引来了周围居民的强烈反对。居民们说"垃圾中转站再美也是中转站"，进而引发了媒体和市民参与的关于市区垃圾中转站建设问题的热议。

一场垃圾处理问题的博弈，折射出了城市管理的细节。杭州面临的垃圾处理难题也是中国其他城市管理中已经遇到、正在遇到或即将遇到的共同问题。

垃圾处理关乎民生，在市区垃圾转运二次污染问题及新建垃圾中转站的想法屡屡遭到市民反对之后，杭州市需要探索一个新型城市垃圾处理办法。

2009 年，杭州市委、市政府召开垃圾中转站建设工作专题会议。会议确定要坚持"分散为主、集中为辅，直运为主、中转为辅，焚烧为主、填埋为辅"的杭州市城市垃圾管理原则，坚持以直运为主、中转为辅，率先在新建小区推广垃圾直运模式，逐步淘汰老式垃圾清运车，解决好垃圾集疏运过程中的"跑、冒、滴、漏"问题。原则上，现有小区和新建小区不再新建集中式垃圾中转站。要按照"国内领先、世界一流"的标准积极推行，及时总结推广桶车直运模式经验，不仅要承担垃圾末端处置任务，还要切实承担主城区垃圾运输任务。在垃圾清运上，要通过购买先进的全密封专用车辆，从新建小区开始推行直运方式。

1.3 清洁直运的目的与意义

清洁直运是一项名副其实的"清洁工程""品质工程""和谐工程""竞争力工程""效率工程"，具有非比寻常的意义。杭州通过清洁直运，解决了过去生活垃圾收运中存在的问题。

清洁直运工作是杭州垃圾收运方式的转变，是杭州环卫事业的一场革命，是建设生活品质之城的需要。

清洁直运是民生工程，是对"民有所呼，我有所应"的有效体现，是对政府推行的"焚烧为主、填埋为辅，直运为主、中转为辅，分散为主、集中为辅"这一城市垃圾处理原则的有效执行，更是解决垃圾中转站"选址难、建设难、运营难"的破题之举，亦是城市管理的一场革命，旨在改变原有的城市垃圾输运模式，消减由垃圾中转站、运输不当引起的社会非议、环境污染和间接经济损失。

清洁直运的目的在于实现利益相关方的现实诉求，在充分考虑经济社会环境影响的基础上，以创新车辆设备和运营流程为突破，通过中转功能提升、作业标准提升、衍生效应转化、附加价值拓展四大途径，实现"垃圾不落地、垃圾不外露、沿途不渗漏""新小区不再新建中转站、城区中转站全面提升改造"及垃圾处理首、中、末端一体化管理的新突破，并使社会、环境、市场绩效取得持续发展。

实施垃圾清洁直运是杭州模式的核心内容，清洁直运又是建立杭州市垃圾集疏运一体化的一个重要环节。清洁直运是城市的难解之题，也是必解之题，将引发杭州城市管理的一场新革命。这场新革命涉及千家万户，涉及每一个杭州人和新杭州人的生活方式、卫生习惯。

（1）"杭州模式"是一项"清洁工程"，事关杭州打造"国内最清洁城市"的问题。清洁是杭州这座城市的"脸面"和品牌，清洁对提升城市知名度和美誉度、打响城市品牌具有非常重要的作用。当前杭州市正在打造"国内最清洁城市"，抓好清洁直运工作是打造"国内最清洁城市"的重中之重。

（2）"杭州模式"是一项"品质工程"，事关提升杭州老百姓生活品质的问题。清洁与健康和长寿息息相关。没有清洁，就没有健康和长寿。杭州要建设健康城市、打造长寿城市，必须搞好清洁直运工作，营造清洁的城市环境，提升市民的生活品质。

（3）"杭州模式"是一项"和谐工程"，事关维护社会稳定和保持人际关系和谐的问题。试行和推广清洁直运模式，对于妥善解决垃圾中转站建设引发的各种社会矛盾，维护社会稳定，保持人际关系和谐，具有十分重要的意义。

（4）"杭州模式"是一项"竞争力工程"，事关提升杭州城市竞争力的问题。与道路、河道、自来水厂等城市基础设施一样，垃圾集、疏、运和末端处理系统也是城市基础设施的有机组成部分，必将带动土地、房屋乃至整个城市的增值。

（5）"杭州模式"是一项"效率工程"，事关经营效率的提高的问题。杭州市现有环卫设施、设备按区域配置，导致资源不能共享，运作效率低，以上问题在垃圾的中转和运输方面尤其明显。实施"杭州模式"可以打破行政区域界限，合理配置和利用资源，降低成本，提高环卫机械化程度，节约用工成本和运输成本，可产生较为显著的社会效益、环境效益和一定的经济效益。

1.4 与传统清运方式的比较

传统垃圾收运与杭州清洁直运方式的比较如表 1-1 所示。

表 1-1 传统垃圾收运与杭州清洁直运方式比较

传统垃圾收运	杭州清洁直运
垃圾池收集，垃圾焚烧污染大；垃圾不入池需要专人清理入池，增加人力成本；垃圾池不封闭，易滋生苍蝇、臭气，造成二次污染；外观不能统一且建设成本高，机动性弱，影响城市面貌	用可卸式垃圾箱替代垃圾池，外观整洁，形成城市的风景线；密封密闭，垃圾污水不外泄，不造成二次污染；居民直接将垃圾投入箱，减少人力成本；机动性强，可根据垃圾产生集中点进行调整
传统自卸车装运，需要人力装车，增加人力成本；垃圾需要达到一定量才会清理，导致垃圾腐烂，出现苍蝇、污水、异味，污染严重；自卸车不密闭，易造成垃圾中转过程中的"跑、冒、滴、漏"问题，造成二次污染	新型自卸式垃圾车，箱体与车辆可分开使用，作为垃圾收集箱，减少垃圾池建设；一车多厢，可减少设备投入；自动钩厢上车，一人即可操作完成，减少人力成本；垃圾厢完全密闭，避免垃圾"跑、冒、滴、漏"造成的二次污染

1.5 清洁直运创新

清洁直运工作改变了原有的垃圾收运技术，实现了作业标准、作业模式、机制体制、车辆设施、管理方式、服务方式、环境保护等方面的创新。以下是对杭州清洁直运创新的具体介绍。杭州清洁直运车如图 1-5 所示。

图 1-5 杭州清洁直运车

1.5.1 作业标准创新

按照"垃圾处理一体化、行业管理标准化、主体运作企业化、服务质量精细化、市民行为自觉化"的原则,将原各区垃圾收运调整为由市统一收运。

1.5.2 作业模式创新

1. 桶车直运模式

流程为集中放置、定时清运、桶车对接、一次直送,即垃圾运输密封车定时到垃圾桶集置点桶车对接,清运垃圾,压缩密封后直运处理场,如图 1-6 所示。

图 1-6　桶车直运模式

2. 厢车直运模式

流程为移动放置、压缩集中、厢车对接、一次直送,即各收集点将垃圾送至移动压缩厢,移动压缩厢装满后直运处理场,同时将另一个空的移动垃圾厢放回原处继续收集,如图 1-7 所示。

图 1-7　厢车直运模式

3. 车车直运模式

流程为集中放置、定时清运、车车对接、一次直送，即小吨位的垃圾运输密封车在收集垃圾后，选择合适接驳点与大吨位的大型垃圾运输密封车实施母子车对接，直运处理场，如图 1-8 所示。

图 1-8　车车直运模式

4. 中转站功能改造创新

通过直运替代模式和接驳站模式的功能改造，将中转站改成环卫功能综合体，实现"垃圾不暴露，垃圾不落地，垃圾不过夜"，如图 1-9 所示。为彻底改变垃圾中转站引发社会争议的困局，清洁直运通过第一次升级改造，实现了杭州主城区 41 座垃圾中转站的功能提升，以桶车直运、厢车直运、车车直运的模式，让中转站变身为接驳站。通过第二次再提升、再改造，推出了 6 座环保教育宣传站，将宣传教育、调运管理、互动服务和接驳转运融为一体，让接驳站转变为多功能共同体。不仅做到了"新小区不再新建中转站，老小区中转站全面升级"，扭转了争议困局，更赋予"垃圾中转站"新的活力，广受市民欢迎，如图 1-10 所示。

图 1-9　中转站功能改造前后对比

图 1-10 市区环保教育宣传站受到市民欢迎

5.接驳站模式

以直运双动力车取代中转站的机械提升及压缩设备，使中转站具备桶车、车车接驳功能。

1.5.3 机制体制创新

如图 1-11 所示，2010 年 1 月，杭州市委、市政府专门出台了《关于推行垃圾清洁直运的实施意见》等文件，明确了城市垃圾处理"垃圾处理一体化、行业管理标准化、主体运作企业化、服务质量精细化、市民行为

图 1-11 杭州市委、市政府专门出台了《关于推行垃圾清洁直运的实施意见》等 4 个文件

自觉化"的原则，坚持政府主导、企业主体、市场运作，一体化研究、一体化规划、一体化解决与垃圾集疏运系统及垃圾清洁直运相关的问题，在事权、人权、财权上理顺城管系统、城区、街道、社区与杭州市城投集团有限公司、杭州市环境集团有限公司的关系，建立健全城市生活垃圾科学管理和处置的体制机制。市、区两级城管部门作为行业监管主体，履行环卫监管职能和固废处置监管职能，不再承担城市生活垃圾集疏运等具体任务。杭州市城投集团有限公司和杭州市环境集团有限公司作为垃圾清洁直运的实施主体，履行垃圾集疏运等职责。

1.5.4 车辆设施创新

原有垃圾运输车的污水箱容积小，运输过程中"跑、冒、滴、漏"现象比较严重，为了从根本上解决这个难题，杭州市环境集团有限公司联合厂家积极开展适合杭州市情况的新型清洁直运车辆的研发攻关工作。

杭州市环境集团有限公司联合厂家创新研发了具有杭州特色的 4 种国内首创车辆。车辆采用进口钢板，优化翻转机构，增大集污箱容积，改进车辆的裙装系统，实现清洁直运车辆"压缩、密闭、实用、环保、美观"的要求，从硬件上充分保证清洁直运的实施，真正实现了多项国内第一，填补了业界空白，并在功能改进、防止污水"跑、冒、滴、漏"等细节方面做了大量的科技攻关和技改工作。清洁直运推行 5 年来，杭州垃圾集疏运车辆设备实现全面转型升级，共淘汰替换旧式垃圾清运车 360 辆、人力三轮清洁车 373 辆、旧环卫电瓶车 191 辆、拖拉机 59 辆，传统垃圾车"跑、冒、滴、漏"现象得到有效改观。

以下为杭州市环境集团有限公司联合厂家研发的 4 种直运车辆。

（1）具有"一大，一高，二低"（一大：采用大污水收集箱，改 100升污水箱为 800 升污水箱；一高：采用高配置，改东风底盘为五十铃底盘；二低：采用欧Ⅲ标准，实现低能耗、低排放）特点的桶车对接清洁直运车辆，如图 1-12 所示。

图 1-12　全系桶车直运车

（2）实现了"垃圾不落地、垃圾不暴露"的车车对接母子车；

（3）实现了同车分类运输，双压缩双提升的分类垃圾运输车如图 1-13 所示；

图 1-13　双压缩分类垃圾运输车

（4）起用全新电瓶清洁车，如图 1-14 所示。

图 1-14　全新型电瓶清洁车

1.5.5 管理方式创新

杭州市环境集团有限公司开发建成直运综合信息管理系统平台，具备智能化营运管理系统、直运车辆 GPS 管理、场站内视频监控及运营数据统计分析管理等功能。2013 年 10 月 17 日，《杭州市垃圾处置信息化管理项目》通过国家住建部科技司验收，这标志着杭州市环境集团有限公司已实现了对清洁直运信息化管理在内的城市垃圾处置的全过程信息化动态管理。

1.5.6 服务方式创新

一是做到直运作业模式化、作业规范标准化。严格履行"按点停靠，按线运行，定点定时清运"的"五定五公开"作业服务方式。严格履行"四承诺、六规范"的清洁直运作业模式，做到一点一清处理不超时，一趟一清厢体不留垢，一慢一耐车辆不争抢，一事一结回复不拖延，一车一毯程序不减少，一清一扫保洁不马虎，一用一盖环境不污染，一天一洗污垢不过夜，一过一补巡查不漏点，一日一查规范不下降，并先后推出"陆建华直运作业法""潘爱英直运作业法"等。

二是重视完善服务细节，优化服务举措。在累积公众信息的基础上，从细节着手，将直运作业对市民生活的影响降至最低，并以此促成和谐的友好关系。如：倡导文明礼让，让清洁直运车辆在斑马线停车礼让；推出作业告知，通过音乐提醒让清运垃圾变得温馨；避开高峰时段，错时清运为市民让路让行；主动播报路况信息，缓解交通拥堵。

三是推行大件垃圾免费清运、App"垃圾快递员"等创新服务。试点范围包括拱墅区的和睦街道、小河街道、大关街道，下城区的东新街道等。截至 2016 年底累计下载 App16213 次，注册用户 3890 位。累计回收订单 1725 单，累计回收 35.5 吨，其中书纸类和衣物类占 79%。

四是优化分类收运规范。按照"按类收集、按色收运、专车专运"的原则，杭州市从 2010 年的标志识别、2014 年的绿桶绿车到 2017 年的黄桶黄车，在国内率先推出车身标识明显的标准化分类收运系统。如图 1-15 所示。

图 1-15　清洁直运专车

1.5.7　环境保护创新

1. 创建垃圾堆体上的生态公园

在杭州天子岭第一垃圾填埋场封场区域进行生态复绿，创建成 80000 平方米的国内首座垃圾堆体上的生态公园，作为环境教育实践平台和第二课堂，对市民和学生进行环境保护教育。2010 年 9 月，杭州成立中国城市环境卫生协会垃圾与文化研究中心，推行垃圾文化研究，提高市民的环境意识，养成良好习惯，促进垃圾减量。

2. 生活垃圾生态游

如图 1-16 所示，杭州市于 2011 年 4 月推出"跟着垃圾去旅游"——国内首条生活垃圾"集、疏、运、埋、覆、用"全过程市民生态游活动，让市民来到现场亲自感受生活垃圾产生后从前端清扫收集、清洁直运到进行垃圾分类处理及资源化利用的整个流程，受到了市民的欢迎。

图 1-16　全过程市民生态游

3.把垃圾中转站改造成垃圾分类宣传站

杭州把社会责任当作企业业务，将垃圾中转站升级改造为环保教育宣传站，加强对市民的宣传。2012 年以来，杭州先后将江干区华家池、拱墅区和睦、下城区东新园、江干区双菱、下沙高教、西湖区庆丰等 6 座垃圾中转站改造为市民环保教育宣传站，至 2015 年累计接待各界市民参观与学习 15752 人次。

4.推出清洁直运公益广告

2012 年，杭州推出清洁直运公益广告，让垃圾车成为清洁、卫生、健康、环保、文明的宣传载体，赋予其独特的"垃圾文化"内涵，传递绿色正能量，受到市民游客的广泛好评。

5.推出"绿色集市"活动

2014 年 3 月，杭州围绕慈善书市、慈善流动车、爱心物品"交换"服务三大主题，推出"绿色集市"活动，提倡以物换物并宣传环保理念。2014 年绿色集市活动共计接待服务市民 5202 人，收集衣物 1226.25 千克、小家电 62 台、报纸纸板 388.55 千克、塑料瓶等 65.7 千克。

1.6 清洁直运的成效

清洁直运看似只是城市管理的一项具体任务,但其实质是中国城市经济、社会发展到特定阶段对于城市环境卫生工作的必然要求和选择，蕴含着新时期城市管理方式的发展、创新，是一种对传统环卫体制的转型与升级，是城市管理的一场新革命。清洁直运为城市带来了环境效益、社会效益、经济效益和绿色政治文明等。接下来看看清洁直运为杭州带来的成效如何。

1.6.1 环境效益

清洁直运有效减少了垃圾二次污染，带来的直接成效是城市的清洁，提高和改善了市民的生活质量和健康状况，环境效益不可低估。

1. 直运克服了传统垃圾中转过程中次生污染对环境的影响。桶车直运直接减少了中转环节，以杭州市下城区石桥地区为例，直运减少石桥地区三道中转环节，据测算，直运累计减少过程中生活垃圾暴露时间约 6 小时。同时清洁直运每到一处直运收集点，都铺设地毯，作业完成后再打扫地面并擦洗厢体，真正做到一趟一清垃圾不落地、垃圾不暴露。

2. 直运车辆均为国内新型密封式压缩车。车厢车体采用进口钢板，尾气排放全部提高到欧 Ⅲ 标准，单车集污箱容积平均比普通清洁车增大 500 升，有效地避免了垃圾渗滤液"跑、冒、滴、漏"的现象，直接减少垃圾中转中的路径污染。

3. 直运选定的车辆与目前相同载重的环卫车辆相比，其启动、压缩噪声明显降低，怠速噪声平均下降 3 分贝。双动力直运车辆通过比较电能压缩与柴油压缩噪声，平均下降 6 分贝。公司继续与国内一流环卫车辆生产厂家如广州广日、青岛中集、中联重科、青海新路等配合，开展以车辆作业降噪为主的技术攻关研究，车辆在压缩机构零部件合理配合度和改善液压传动性能等两方面的技术改进，已经取得初步成果。

4. 在中转站改造提升工作中，清洁直运切实做到垃圾不过夜和污水不下漏，双动力直运车就是"移动的中转站"，车辆随满随走，车走场净（静）。压缩垃圾后的污水也一起随车带走，中转站不下排垃圾污水，传统中转站模式中的"视觉""嗅觉""听觉"三污染的现象得到较大改观。经现场抽样监测，改造前传统中转站环境臭气浓度达到 234，超过居住区标准 11 倍，改造后臭气浓度已降至《恶臭污染物排放标准》（GB 14554–1993）居住区标准值。

5. 中转站改造采用双动力两用直运车后，新模式下电力零排放，无污染，噪声值下降，节能减排效果明显。对于清洁直运的环境效益，我们进行了形象的对比测算。

（1）通过清洁直运的开展，平均每增加一条直运线路可减少垃圾运输里程 10 千米/天，减少对路线周边约 5 万户居民的臭气和噪音污染影响，使垃圾运输中转环节从原来的 5 个减至 2 个，可平均减少 8.4 吨/天的垃圾中转量，减排二氧化碳 0.0325 吨，相当于 1 公顷森林 1 天对温室气体的减排量。

（2）据测算，杭州市城区每改造提升一座主城区垃圾中转站，就能使中转站周边 1 千米半径约 3.7 万名市民受益。若减少一座垃圾中转站，则可节约市政用地约 1 亩，减少垃圾中转约 36 吨，减少垃圾在中转站停留时间 6 小时，减少中转站污水排放 3 吨，减少二氧化碳约 0.1 吨，相当于 3 公顷森林对温室气体的减排量或者 1500 平方米草坪 1 天对温室气体的减排量。

（3）杭州市原来的垃圾直运量为 5%，目前杭州主城区垃圾直运量已提升至 80%，平均每天直运量达 5900 吨，同时，垃圾在中转过程中减少垃圾暴露时间大约 6 小时，减少二氧化碳排放约 9.5 吨 / 天，相当于每天为杭州市贡献约 5 个杭州植物园的碳减排量。

（4）清洁直运开展以来，通过流程优化，减少垃圾在中转站停留的时间和在运输过程中垃圾水的"跑、冒、滴、漏"现象，每天直运量 5900 吨，就可减少进入城市污水管网高浓度垃圾渗滤液约 520 吨，COD 减排 20 吨，相当于杭州市城市污水厂总处理能力的 15%。

1.6.2 社会效益

清洁直运以来，杭州未发生一起因垃圾中转站问题而引发的群体上访事件，破解了城市垃圾处置扰民这一难题，促进了社会的和谐稳定，提高了城市的品牌效应。

1. "和谐效益"事关维护社会稳定和实现人际关系和谐

当前，垃圾与城市发展的矛盾正在加剧。风波的背后，是城市化进程中"垃圾围城"矛盾的集中体现，也是政府和城市管理者一直在思考并寻求解决思路的问题。环保注定是未来最大的绿色政治，生活垃圾处理事关民生，不是小问题。如果城市生活垃圾集疏运等系列问题能够得到妥善处理，就可减少大量社会矛盾，大大改善人际关系。清洁直运模式的出现，着眼于问题的解决，能惠泽杭州百姓，它给社会带来的首先是社会稳定和人际关系的和谐效益。

2."城市品牌效应"事关提升城市品牌和美誉度，软实力就是硬实力

清洁是生活品质中最起码的品质，也是最重要的品质。清洁也是一个城市的"脸面"和品牌，是城市领导人和管理者的责任。提升城市知名度和美誉度，打响城市品牌，清洁是绕不过去的一道"坎"。通过实施清洁直运，可以进一步提升杭州的知名度和美誉度，打响杭州城市品牌，加快杭州市的经济社会发展。

1.6.3 经济效益

清洁直运打破区域实施全市一体化集中调度、集中管理后，车辆效率有望提高，节约了人力成本和运输成本，体现了规模效益。从城市、政府及其他角度分析，清洁直运带来的相关经济效益，如土地集约利用、土地增值等亦较明显。

清洁直运带来的城市增值和规模效应明显，有力提升了城市竞争力。清洁直运工作作为一项利民工程，属政府公共产品，在经济收费方面主要以"保本微利"为原则。从企业角度来看，由于车辆硬件的提高，单位成本可能增加，但打破区域实施全市一体化集中调度、集中管理后，车辆效率有望提高，规模效益也可以体现。再从城市、政府及其他角度分析，直运带来的相关经济效益亦较明显。

1.土地的集约利用

首先，新区不增造中转站，即是实现土地的节约。其次，杭州主城区现有垃圾中转站的存在一直是老百姓关心的热点、难点问题，清洁直运通过桶车直运、车车直运等形式减少、合并现有中转站，能使中转站所占土地获得机会收益，并带动土地、房屋乃至整个城市增值。如：停用的江干区景华中转站占地面积300平方米，自2010年4月1日起中转站变身环保宣传教育基地，其所具有的土地机会收益明显。再次，中转站停运后具有土地、房价增值效应。以2009年12月份取消的三堡中转站为例，三堡中转站原为垃圾堆场，设施简陋，对周边钱江新城居民的影响较大。三堡中转站的取消，不但提高了该地块的土地利用程度，且直接带动了周边土地、

房价的上升，如盛世钱塘的房价在三堡中转站取消后迅速上涨到近 4 万元 /
平方米。华家池垃圾中转站一关停，周边华家池小区、南肖埠小区、庆春
苑小区房价纷纷补涨。浙江大学管理学院营销管理学教授胡介埙对此表示：
"垃圾中转站的关停对小区未来是个利好，房价跟进补涨是必然。杭州是
品质之城，从庭院改善到河道改善，现在取消垃圾中转站，这都让我们住
得更加愉悦，享受到品质生活。"另外，清洁直运通过在天子岭统一规划
停保场，不仅充分利用边坡土地资源，提高了土地利用率，而且由于城区
停车场环境的改善，周边土地价值增值效应明显。杭州自推行清洁直运以来，
5 年没有新增垃圾中转站，这本身已为市政节约了公共用地。特别是在寸土
寸金的今天，实现"统一标准、统一调运、统一管理"的每一个细节都在
为这座城市贡献着市场效益。推行垃圾处理首、中、末端一体化管理，使
车辆集约、人员集约，效能大大提升。建设统一的停保基地，使斜坡土地
得到充分利用，让停车、保障获得最大支持。改造升级后的环保教育宣传站，
周边土地价格瞬间回升，无疑是市场效益最好的晴雨表。而这些都是在和
谐效益显著、生态效益突出的同时，社会给予的馈赠。所以，未来集约发
展将是一条可持续发展之路，我们会一直走下去。

2. 规模效应明显

垃圾集疏运系统是城市基础设施的一个重要环节和有机组成部分，清
洁直运为主的垃圾集疏运系统的变革，实现了车辆、人员资源集中管理和
土地集约利用，随着直运覆盖的扩大，其规模效应明显。以清洁直运为主
城市垃圾集疏运一体化将实现跨区域实施，做到资源统一调度、高效运作，
提高了设备设施效率，实现了资源共享，相较于传统的各区城管办各自为
政的垃圾运输，其规模效益具体体现在减少了管理人员和运输车辆，节约
了人力成本和运输成本。

1.6.4 绿色政治文明

清洁直运是发展方式的转型，清洁直运关注的是城市生态文明，实现
的是绿色政治文明。

　　清洁直运的全新作业模式和创新大大降低了垃圾的二次污染,以"四承诺、六规范"为要求的人性化服务实现了"垃圾不落地、垃圾不外露"的目标,它所带来的是一种对传统环卫体制的转型与升级,更体现出精细化、集约化的发展方式。在这个意义上说,清洁直运就是以民为本的政治文明在生态环境建设方面的体现,是新时期"生态马克思列宁主义"的具体实践形式之一。

1.7 清洁直运的应用前景

　　国家住房和城乡建设部城市建设司和中国城市环境卫生协会表示将总结杭州城市垃圾清洁直运经验,在全国宣传推广杭州的成功做法。同时,城市垃圾处置"杭州模式"引起了国内同行的高度关注,北京、天津、成都、武汉、南京、南昌、苏州等城市纷纷向杭州学习。受杭州直运工作的启发,不仅在杭州市所辖范围内,在全国范围,近年来有多个国内城市先后开展了垃圾直运工作,如广州市、南京市、株洲市、巢湖市、湖州市开展的"直收直运"工作,珠海市开展的"清洁直运"工作等,均借鉴了杭州市清洁直运工作模式。

2 生活垃圾收集

2.1 垃圾收集容器

生活垃圾收集容器是盛装各类生活垃圾的专用器具。目前人们普遍使用的有垃圾袋、垃圾桶和垃圾箱。

垃圾袋是一次性废物收集容器，现绝大多数为塑料制品。

垃圾收集容器的类型较多。按材料不同，可分为塑料容器、金属容器和复合材料容器等。一般而言，塑料垃圾容器比钢制垃圾容器耐用，而复合材料垃圾容器性能最佳。我国在 20 世纪 80 年代前普遍采用钢制垃圾容器，由于垃圾污水具有很强的腐蚀性，钢制垃圾容器很快生锈，使用寿命短，又影响市容。所以近年来，塑料垃圾容器的应用越来越广。但有些场合也会用不锈钢为材质的垃圾容器。塑制垃圾收集容器自重轻、不耐热，在塑制垃圾收集容器上一般都印有不准倒热灰的标志。与塑制容器相比，钢制容器较重，不耐腐蚀，但有不怕热的优点。为了防腐，钢制容器内、外部要进行镀锌、装衬里或涂防腐蚀漆等防腐处理。

按容积不同，可分为小型容器、中型容器和大型容器——容积大于 3.0 立方米的垃圾桶和垃圾箱称为大型容器，容积为 0.5—3.0 立方米的垃圾桶和垃圾箱称为中型容器，容积小于 0.5 立方米的垃圾桶和垃圾箱被称为小型容器。

垃圾收集容器应满足的条件：

（1）收集容器的容积既要满足日常收集附近用户垃圾量的需要，又不能超过 1—3 天的潴留期，以防垃圾发酵、腐败、滋生蚊蝇、散发臭味。垃圾袋由于容积小，只能为居民家庭使用，垃圾桶适用对象为小范围的居民群（巷）。垃圾箱根据其容积大小，既可供居民家庭使用，也可供居民生活小区使用。

（2）密封性收集容器要能防蚊蝇、防鼠、防恶臭、防风雪，因此容器应带盖。通过教育，居民在倾倒垃圾后能及时盖上收集容器，且要防止收集过程中垃圾散溢。

（3）清洗（洁）及对环境的影响。为了防止收集容器内黏附垃圾，要常用水冲刷容器。因此，垃圾收集容器内部应光滑、易于洗刷、不易残留黏附物质，这样既减轻了污物对容器的腐蚀，也避免了容器内黏结物发酵发臭，以控制环境污染。垃圾袋虽不存在清洗问题，但它自身也被当作垃圾处置，增加了垃圾产量和环境负荷。

（4）其他。收集容器还应操作方便、坚固耐用、外形美观、造价便宜，便于机械化清运。垃圾袋适用于人工收运，但在收运过程中易损坏，易造成垃圾的撒、漏、丢问题。垃圾桶（箱）适用于机械收运，特别是集装箱，由于与收运拉臂车配套，易于操作。

清洁直运所使用的垃圾容器为方形，容器的底部配有活动滚轮，内部光洁。容器的上方有垃圾盖，防止垃圾在收集中散溢，也能防蚊蝇、防鼠、防恶臭、防风雪。容器的上方有横杆，方便将垃圾倒入清洁直运车。

2.2 垃圾收集点

生活垃圾收集点是生活垃圾收集系统的组成部分，它位于垃圾收集系统的最前端，具有数量多、分布广、管理难等特点，它直接影响居民的生活环境，影响市容市貌，体现了城市的建设管理水平。

按照《环境卫生术语标准》（CJJ 65–1995）的定义，生活垃圾收集点是按规定设置的收集垃圾的地点。它的作用就是收集垃圾、短暂存放垃圾等待运输。

垃圾收集点的设置要方便居民投放，还要方便垃圾运输，因此它通常位于道路边、楼院边，垃圾收集点的美观也很重要。

2.2.1 我国垃圾收集点存在的问题

（1）没有规划，位置不固定。垃圾收集点设置随意性强且位置不固定，缺少规划设置的依据，特别是在一些居民区，这类问题容易引起纠纷。

（2）摆放无序，缺少绿化、美化，垃圾桶随意摆放，尺寸、颜色不规范，一些收集点垃圾桶的数量特别多，垃圾桶的颜色混乱，大小不一。

（3）管理粗放，与周边环境不协调。垃圾收集点经常出现垃圾外溢，污水横流，气味大，垃圾桶污垢、破损等现象。

（4）没有设置大件垃圾的专用垃圾收集点。有的城市规定大件垃圾实行单独收集、单独运输，但没有固定的收集点，造成大件垃圾随意堆放。

杭州对我国垃圾收运点存在的问题进行研究，提出了收集点规划及设置方案。

2.2.2 杭州垃圾收集点规划及设置原则

目前，在环境卫生相关标准规范当中，涉及垃圾收集点内容的标准规范非常少，内容也比较简单，无法满足收集点规划、设计、设置、管理规范化的需求。

杭州在进行收集点的规划与设置时，提出了以下原则。

1. 提前规划、合理设置

首先，应从规划入手，解决垃圾收集点的问题，应提前规划，确定位置、固定位置，位置应有标识。根据垃圾收集方式和垃圾收集量来确定容器种类、数量等。在一些居住小区，楼房销售前应明确垃圾收集点的位置，居民入住前收集容器要摆放到位。

2. 方便投放、方便清运

垃圾收集点在兼顾方便居民垃圾投放的同时，还要与所在区域垃圾收运系统相匹配，便于环卫部门清运作业；一般垃圾收集点的服务半径不宜超过 70 米；有条件的垃圾收集点可设置污水排放或收集的设施。

3. 设置有序（分类有序）、美观环保

垃圾桶的容量要尽量大些，以减少垃圾桶的摆放数量。垃圾桶摆放、分类收集的垃圾收集点、容器的颜色和标志应符合绿化、美化的原则。

考虑风向的影响。

2.2.3 杭州垃圾收集点设置方法

1. 垃圾收集点的分类

根据性质不同，可对生活垃圾收集点进行不同的分类。如：根据收集对象不同，可分为普通生活垃圾收集点、大件垃圾收集点等；根据是否分类，可分为混合垃圾收集点与分类垃圾收集点；根据设置类型，可分为地埋型、遮盖型、围挡型、港湾型、普通型；根据使用时效，可分为固定收集点和临时收集点；根据是否封闭，可分为封闭式、半封闭式、敞开式等。

2. 位置的确定

（1）收集点的设置应征得当地环境卫生行政主管部门的同意；

（2）要方便居民投放垃圾，不影响城市卫生和景观环境；

（3）要便于容器的移动和放置，方便机械化收运作业；

（4）应保持合理的防护距离，在周围适当设置绿化或遮挡措施，有效降低视觉、嗅觉污染；

（5）收集点所在地面应平整，并进行硬化。

3. 垃圾桶数量的确定

（1）收集容器应抗腐蚀，坚固耐用，并具有防雨功能；

（2）塑料垃圾桶应符合《塑料垃圾桶通用技术条件》（CJ/T 280-2008）的要求，铁质垃圾箱应符合《铁质废物箱技术条件》（CJ/T 5026-1998）的要求；

（3）分类垃圾收集点应根据分类收集要求设置垃圾桶；

（4）大件垃圾收集点数量可少一些，一般生活垃圾每个收集点宜设2—10个垃圾桶；

（5）垃圾容器收集范围内的垃圾日排出量、垃圾容器收集范围内的垃圾日排出体积和收集点所需设置的垃圾容器数量的计算方法如下。

①垃圾容器收集范围内的垃圾日排出量：

$$Q = RCA_1A_2$$

式中，Q 为垃圾日排出量（单位：吨 / 天）；

R 为收集范围内居住人口数量（单位：人）；

C 为实测的人均垃圾日排出量（单位：吨 / 人·天）；

A_1 为垃圾日排出重量不均匀系数，A_1=1.1—1.15；

A_2 为居住人口变动系数，A_2=1.02—1.05。

②垃圾容器收集范围内的垃圾日排出体积：

$$Vave = \frac{Q}{DaveA_3}$$

$$Vmax = KVave$$

式中，Vave 为垃圾平均日排出体积（单位：立方米 / 天）；

A_3 为垃圾容重变动系数，A_3=0.7—0.9；

Dave 为垃圾平均容重（单位：吨 / 立方米）；

K 为垃圾高峰时日排出体积的变动系数，K=1.5—1.8；

Vmax 为垃圾高峰时日排出最大体积（单位：立方米 / 天）。

③收集点所需设置的垃圾容器数量：

$$Nave = \frac{Vave}{EB}A_4$$

$$Nmax = \frac{Vmax}{EB}A_4$$

式中，Nave 为平时所需设置的垃圾容器数量；

E 为单只垃圾容器的容积（单位：立方米 / 只）；

B 为垃圾容器填充系数，B=0.75—0.9；

A_4 为垃圾清除周期，天 / 次，当每日清除 1 次时，A_4=1，每日清除 2 次时，A4=0.5，以此类推；

Nmax 为垃圾高峰时所需设置的垃圾容器数量。

2.3 垃圾收集容器集置场所

垃圾收集容器集置场所是指将分散垃圾容器进行收集后放置的场所。垃圾收集容器集置场所的建设数量、规模、布局和选址应进行技术、经济、社会和环境保护论证，通过综合比选来确定。

1. 垃圾收集容器集置场所应具备的条件

（1）具有封闭式建筑物，即站房。

（2）站内配有垃圾卸、装设备（分固定式和移动式）。

2. 垃圾收集容器集置场所建设规模

垃圾收集容器集置场所的建设规模，应根据服务区域内每日垃圾产生量确定。

3. 垃圾收集容器集置场所选址要求

（1）选址要避开临近商店、餐饮店等群众日常生活聚集场所，主要是为了避免垃圾收集作业时的二次污染，以及潜在的环境污染所造成的社会或心理上的负面影响；

（2）垃圾收集容器集置场所应设置在交通便利、易于安排收集和运输线路的地方，有利于生产调度和降低日常运行成本；

（3）垃圾收集容器集置场所的服务半径：采用人力收集时，服务半径宜小于 0.6 千米，最大不超过 1 千米。

2.4 改造垃圾中转站

为了让天更蓝、山更绿、水更清、花更艳，让老百姓喝上干净的水、呼吸到新鲜的空气、看得到郁郁葱葱的花草树木，显著提升人民群众的环境生活品质，改善垃圾运输过程中出现的"跑、冒、滴、漏"现象，对原有的垃圾中转站进行改造升级，将垃圾中转站改建成停车场和环保宣传栏。如图 2-1 所示。

图 2-1　改造后的垃圾中转站

　　下面以杭州市对垃圾中转站的改造为例。

　　杭州市生活垃圾中转站因为使用年限较长，均在一定程度上存在设备老化、垃圾储运能力低等情况，导致在收集转运垃圾时出现尘土飞扬、污水撒漏等问题，给周边居民生活带来一定影响。杭州为改善城区环卫设施建设，经过多次研究和实地考察，通过多方努力，克服了环卫设施改造难等问题，对垃圾中转站进行升级改造。

　　垃圾中转站改造内容主要包括除臭系统安装维修、内部修缮、机器设备保养、截污纳管等。为明确改造标准，提高改造水平，杭州在改造前对生活垃圾中转站技术规范、设计标准要求等做出了明确规定。

　　改造后的垃圾转运站将采取有效的防尘、防臭和污水控制等措施，将压缩后的垃圾用密封式垃圾车运走，防止转运过程中对环境的二次污染。以前需要多人共同操作的垃圾中转站的垃圾清运工作，现在只要一个人就能完成。不仅操作简单，而且特别省时，五六分钟就能把垃圾压缩好并装上垃圾车，效率提高了近 12 倍。

　　同时，垃圾重量减少了 40%，即使油价上升，还是能大幅降低垃圾的运输费，相应的垃圾处理费也大为减少，为节能减排起到了积极作用，得到了广大市民的一致好评，推进了杭州环卫设施建设。

　　把垃圾中转站改造成垃圾运输车停车场，为杭州停车难做出了贡献；把垃圾中转站改造成环保宣传站，提高了居民的环保意识。

3 生活垃圾运输

3.1 路线规划

3.1.1 清洁直运路线规划

在生活垃圾收集方法、收集车辆类型、收集劳力、收集次数和收集时间确定后，即可着手设计收运路线，以便有效使用车辆和劳力。清洁直运路线的合理性对整个垃圾收运水平、收运费用等都有着重要的影响。

一条完整的清洁直运路线通常由"收集路线"和"运输路线"组成，前者指收集车在指定街区收集垃圾时所遵循的路线；后者指装满垃圾后，运输车将垃圾运往垃圾处理厂所走过路线。收运路线的设计应遵循如下原则：

（1）每个作业日每条路线限制在一个地区，尽可能紧凑，没有断续或重复的线路；

（2）工作量平衡，使每个作业、每条路线的收集和运输时间都大致相等；

（3）收集路线的出发点从车库开始，要考虑交通繁忙和单行车道的因素；

（4）在交通拥挤时段，应避免在繁忙的街道上收集垃圾。

设计收集路线的一般步骤如下：

（1）准备适当比例的地域地形图,在图上标明垃圾清运区域边界、道口、车库和通往各个垃圾集装点的位置、容器数、收集次数等，如果在固定收集点收集，应标注各收集点垃圾量；

（2）资料分析，将资料数据概要列为表格；

（3）收集路线的初步设计；

（4）对初步设计的收集路线进行比较，通过反复试算进一步均衡收集路线，使每周各个工作日收集的垃圾量、行驶路程、收集时间等大致相等，最后将确定的收集路线画在收集区域图上。

下面是某生活小区垃圾收集清运路线，通过该例，我们可比较详细地了解垃圾收运路线的设计过程。

某生活小区垃圾存放点布置（步骤1已在图上完成）如图3-1所示，要求设计移动容器式和固定容器式两种收集方法的收集路线。若两种收集方法都要求每天必须在8小时内完成收集任务，相关数据和要求如下，请问处置场距B点的最远距离是多少？

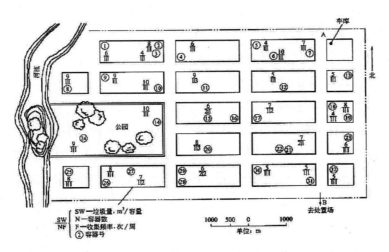

图 3-1　某生活小区垃圾存放点布置

①收集次数为每周2次的集装点，收集时间要求在周二、周五2天；

②收集次数为每周3次的集装点，收集时间要求在周一、周三、周五3天；

③各集装点容器可以位于十字路口任何一侧集装；

④收集车车库在A点，从A点早出晚归；

⑤移动容器收集周一至周五每天进行收集；

⑥采用改进移动容器收集法，即收集车每次卸载后不是回到原处，而是到下个集装点装载；

⑦对移动容器收集法，容器集装和放回时间皆为 0.033 小时 / 次，卸车时间为 0.053 小时 / 次；

⑧固定容器收集每周只安排 4 天（周一、周二、周三和周五），每天行程一次；

⑨固定容器收集的收集车为容积 35 立方米的后装式压缩车，压缩比为 2；

⑩对固定容器收集法，容器卸空时间为 0.050 小时 / 个，卸车时间为 0.10 小时 / 次；

⑪容器间行驶时间估算常数 a=0.060 小时 / 次，b=0.067 小时 / 平方千米；

⑫两种收集方法的运输时间、使用运输时间常数为 a=0.080 小时 / 次，b=0.025 小时 / 平方千米；

⑬两种收集法的非收集时间系数皆为 0.15。

1. 移动容器收集法收运路线设计

（1）根据图 3-1 提供的资料进行分析（步骤 2）。

收集区域共有集装点 32 个，其中收集次数每周 3 次的有⑪和⑳ 2 个点，每周共收集 3×2=6（次）行程，时间要求在周一、周三、周五 3 天；收集次数每周 2 次的有⑰、㉗、㉘、㉙这 4 个点，每周共收集 4×2=8（次）行程，时间要求在周二、周五 2 天；其余 26 个点，每周收集 1 次，共收集 1×26=26（次）行程，时间要求在周一至周五。合理的安排是使每周各个工作日集装的容器数大致相等，以及每天的行驶距离相当。如果某日集装点增多或行驶距离较远，则该日的收集将花费较多时间，并且将限制确定处置场的最远距离。3 种收集次数的集装点每周共需行程 40 次。因此，平均安排每天收集 8 次，分配办法如表 3-1 所示。

表 3-1　容器收集和安排

收集次数 / 周	集装点数	行程数 / 周	每日倒空的容器数				
			周一	周二	周三	周四	周五
1	26	26	6	4	6	8	2
2	4	8	—	4	—	—	4
3	2	6	2	—	2	—	2
共计	32	40	8	8	8	8	8

（2）通过反复计算设计均衡的收集路线（步骤 3 和步骤 4）。

在满足表 3-1 规定的次数要求的条件下，找到一种收集路线方案，使每天的行驶距离大致相等，即 A 点到 B 点间行驶距离约为 86 千米。据此，设计的每周收集路线和距离的计算结果列于表 3-2 中。

表 3-2　每周收集路线和距离的计算结果

周一			周二			周三			周四			周五		
集装点	收集线路	距离（km）	集装点	收集线路	距离（km）	集装点	收集线路	距离（km）	集装点	收集线路	距离（km）	集装点	收集线路	距离（km）
	A→1	6		A→7	1		A→3	4		A→2	4		A→13	2
1	1→B	11	7	7→B	4	3	3→B	9	2	2→B	9	13	13→B	5
9	B→9→B	20	10	B→10→B	14	8	B→8→B	20	6	B→6→B	10	5	B→5→B	14
11	B→11→B	12	14	B→14→B	12	4	B→4→B	16	18	B→18→B	6	11	B→11→B	12
20	B→20→B	8	17	B→17→B	8	11	B→11→B	12	15	B→15→B	10	17	B→17→B	8
22	B→22→B	4	26	B→26→B	12	12	B→12→B	8	16	B→16→B	8	20	B→20→B	8
30	B→30→B	6	27	B→27→B	12	20	B→20→B	8	24	B→24→B	16	27	B→27→B	12
19	B→19→B	6	28	B→28→B	8	21	B→21→B	8	25	B→25→B	16	28	B→28→B	8
23	B→23→B	6	29	B→29→B	10	31	B→31→B	0	32	B→32→B	2	29	B→29→B	10
	B→A	5		B→A	5		B→A	5		B→A	5		B→A	5
共计		84	共计		86	共计		86	共计		86	共计		84

（3）确定从 B 点至处置场的最远距离。

①求出每次行程的集装时间。因为采用改进移动容器收集法，亦称交换容器收集法，故每次行程时间不包括容器间行驶时间，则

$$P_{hcs} = t_{pc} + t_{uc} + t_{dbc} = 0.033 + 0.033 + 0 = 0.066（小时/次）$$

②求往返运输距离。利用如下公式计算往返运输距离。即

$$H = \frac{N_d (P_{hcs} + S + h)}{1 - \omega} = \frac{N_d (P_{hcs} + S + a + bx)}{1 - \omega}$$

$$8 = \frac{8 \times (0.066 + 0.053 + 0.080 + 0.025x)}{1 - 0.15}$$

求得 $x = 26$（千米/次）

式中运输时间 h 是指收集车从集装点行驶至终点所需的时间，再加上离开终点驶回原处或下一个集装点的时间，但不包括停在终点的时间。它的计算式是根据大量运输数据分析得出的，是一个经验公式。卸车时间 S 是指收集车在终点（中转站或处置场）的逗留时间，包括卸车和等待卸车时间。

③最后确定从 B 点至处置场的距离。因为运输距离包括收集路线距离在内，将其扣除后除以往返双程，便可确定从 B 点至处置场最远单程距离为

$$\frac{(26 - 86/8)}{2} = 7.63（千米）$$

2. 固定容器收集法收运线路设计

①用相同的方法可求得每天需收集的垃圾量，其收集安排如表 3-3 所示。

表 3-3　每日垃圾收集量安排

收集次数/周	总垃圾量（立方米）	每日收集的垃圾量（立方米）				
		周一	周二	周三	周四	周五
1	1×177	52	45	52	0	28
2	2×24	—	24	—	0	24
3	3×17	17	—	17	0	17
共计	276	69	69	69	0	69

②根据所收集的垃圾量，经过反复试算制定均衡的收集路线，每日收集路线列于表 3-4，A 点和 B 点间每日的行驶距离列于表 3-5。

表 3-4　固定容器收集法收集路线的集装次序

周一		周二		周三		周五	
集装次序	垃圾量（立方米）	集装次序	垃圾量（立方米）	集装次序	垃圾量（立方米）	集装次序	垃圾量（立方米）
13	5	2	8	18	4	3	4
7	7	1	6	12	5	10	10
6	10	8	9	11	9	11	9
4	6	9	9	20	8	14	10
5	4	15	6	24	9	17	7
11	9	16	6	25	8	20	8
20	8	17	7	26	8	27	7
19	8	27	7	30	5	28	5
23	6	28	5	21	7	29	5
32	5	29	5	22	7	31	5
总计	68	总计	68	总计	70	总计	70

表 3-5　A 点和 B 点间每日的行驶距离

时 间	周一	周二	周三	周五
行驶距离（千米）	26	28	26	22

③从表 3-4、表 3-5 中可以看到，每天行程收集的容器数为 10 个，故每天容器间平均行驶距离为

$$\frac{(26+28+26+22)}{4\times(10-1)}=2.83(千米)$$

每次行程的集装时间可用下式求得：

$$P_{scs}=c_t t_{uc}+(N_p-1)t_{dbc}=c_t t_{uc}+(N_p-1)(a+bx)$$
$$=10\times0.05+(10-1)\times(0.06+0.067\times2.83)=2.75(小时/次)$$

④求从 B 点到处置场的往返运输距离。

$$H=\frac{N_d(P_{hcs}+S+a+bx)}{1-\omega}$$

即

$$8=\frac{1\times(2.75+0.10+0.08+0.025x)}{1-0.15}$$

求得 $x=154.8$（千米）

⑤确定从 B 点至处置场的最远距离：

$$154.8\div2=77.4（千米）$$

3.1.2 "杭州模式—清洁直运" 杭州上城区路线案例

上城区清洁直运线路

清洁直运上城分公司主要清运范围东自庆春立交桥西侧沿贴沙河经清泰立交桥、清江路至钱江三桥，与江干区接壤；南自钱江三桥至钱塘江大

桥东侧；西自钱塘江大桥东侧经虎跑路北侧至铁路涵洞桥，折北沿玉皇山脚至万松岭路，向西至西湖东岸直达六公园，与西湖区相邻；北自六公园经庆春路至贴沙河，与下城区交界。共有员工 221 名，线路 49 条（其中生活垃圾线 27 条、分类垃圾线 14 条、餐厨线 2 条、音乐线 2 条、站车线 4 条），机动车 61 辆，日均清运垃圾 530 吨。

"上城 1 号线"至"上城 5 号线"清洁直运线路如表 3-6 至表 3-10 所示。

表 3-6 "上城 1 号线"清洁直运线路

线路名称：上城 1 号线				
线路类别：桶车线				
车辆出场时间：4：15　车辆回场时间：13：30				
序号	集置点名称	集置点位置	清运时间	清运频率
1	联华超市	惠民路中河中路口	5：10	一日一清
2	人民保险公司	惠民路中山中路口	5：10-5：40	一日一清
3	区政府	惠民路 3 号	5：10-5：40	一日一清
4	惠民小学	惠民路 26 号	5：10-5：40	一日一清
5	科研楼	惠民路 24 号	5：10-5：40	一日一清
6	报刊亭	惠民路	5：10-5：40	一日一清
7	大三元	惠民路定安路口	5：10-5：40	一日一清
8	天兴楼	惠民路定安路口	5：40-6：10	一日一清
9	十三湾巷	高银街十三湾巷口	5：40-6：10	一日一清
10	高银街光复路口	高银街光复路口	6：10-6：40	一日一清
11	清河坊	华光路 48 号	6：10-6：40	一日一清
12	定安铭都	定安路 68 号	6：10-6：40	一日一清
13	定安苑	定安路 36 号	6：40-7：10	一日一清
14	耀江广厦	定安路 41 号	6：40-7：10	一日一清
15	红门局	红门局定安路口	6：40-7：10	一日一清
16	游泳馆	定安路 27 号	6：40-7：10	一日一清

续　表

17	惠民路	惠民路75号	7：10-7：40	一日一清
18	市公安局	旧番薯路延安路口	7：10-7：40	一日一清
19	花鸟城	华光路1号	7：10-7：40	一日一清
20	开元路	开元路	10：20-10：50	一日一清
21	青年路	青年路	10：20-10：50	一日一清
22	孝女路	孝女路	10：20-10：50	一日一清
23	龙翔桥	菩提寺路	10：20-10：50	一日一清
24	红星宿舍	菩提寺路	10：50-11：20	一日一清
25	工联	平海路	10：50-11：20	一日一清
26	邮电路口	湖滨路邮电路口	11：20-11：50	一日一清
27	青藤	将军路	11：20-11：50	一日一清
28	洽丰里	柳营路	11：50-12：30	一日一清
29	银泰	延安路	12：30	一日一清

表3-7　"上城2号线"清洁直运线路

线路名称：上城2号线				
线路类别：桶车线				
车辆出场时间：3：15　车辆回场时间：10：10				
序号	集置点名称	集置点位置	清运时间	清运频率
1	光复路沿线	光复路47号、57号、59号	3：40	一日一清
2	中河中路	中河中路47号	3：40-4：10	一日一清
3	安荣巷	安荣巷路边	3：40-4：10	一日一清
4	胡庆余堂	安荣巷11号	3：40-4：10	一日一清
5	吴山公交站	高银街吴山公交站	4：10-4：40	一日一清
6	吴山铭楼	紫薇路杭四中斜对面	4：10-4：40	一日一清

7	杭四中	紫薇路杭四中	4：10—4：40	一日一清
8	延安路	延安路393号	4：10—4：40	一日一清
9	河坊街	河坊街1号	4：40—5：00	一日一清
10	杭师附小	四宜路180号	4：40—5：00	一日一清
11	孝子坊	河坊街孝子坊口	4：40—5：00	一日一清
12	五洋酒店	清波街109号	5：00—5：20	一日一清
13	红泥砂锅	南山路144-2号	5：00—5：20	一日一清
14	松岭居	万松岭路102号（近南山路）	5：00—5：20	一日一清
15	财政部	吴山广场	7：30—8：00	一日一清
16	人防部	吴山广场	7：30—8：00	一日一清
17	历史博物馆	吴山广场	7：30—8：00	一日一清
18	四宜敬老院	四宜路	7：30—8：00	一日一清
19	云居山	万松岭路100号	7：30—8：00	一日一清
20	四宜路上	四宜路路边	7：30—8：00	一日一清
21	南山路	南山路200号	7：30—8：00	一日一清
22	南山路	南山路101号	8：00—8：30	一日一清
23	景云村	景云村	8：00—8：30	一日一清
24	南线酒家	景云村3号	8：00—8：30	一日一清
25	荷花池头	荷花池头	8：00—8：30	一日一清
26	浙江省气象局	新民村	8：00—8：30	一日一清
27	新民村	新民村	8：00—8：30	一日一清
28	吴山人家	景云村	8：30—8：50	一日一清
29	娃哈哈小学	劳动路95号	8：30—8：50	一日一清
30	军区二招待所	劳动路127号	8：30—8：50	一日一清
31	劳动路菜场	劳动路菜场	8：50—9：10	一日一清
32	清波泵站	南山路清波街交叉口	9：10	一日一清

表3-8 "上城3号线"清洁直运线路

线路名称：上城3号线				
线路类别：桶车线				
车辆出场时间：3：15 车辆回场时间：9：00				
序号	集置点名称	集置点位置	清运时间	清运频率
1	解百	国货路解放路口	3：40	一日一清
2	国货路	国货路1号、4号、9号	3：40-4：10	一日一清
3	君亭酒店	国货路11号	3：40-4：10	一日一清
4	杭州银行	解放路176-178号	4：10-4：40	一日一清
5	莫泰酒店	解放路3号	4：10-4：40	一日一清
6	大华饭店	南山路171号	4：10-4：40	一日一清
7	西湖新天地	南山路	4：10-4：40	一日一清
8	南山路	南山路2503号	4：10-4：40	一日一清
9	农业局	南山路262号	4：10-4：40	一日一清
10	家乐福	延安路135号	4：10-4：40	一日一清
11	开元路	开元路路边	6：20-6：50	一日一清
12	索菲特大酒店	西湖大道333号	6：20-6：50	一日一清
13	劳动路	劳动路146号、132号、123号、126号、124号、42号、95号、65号、18号	6：20-6：50	一日一清
14	中医院	四宜路劳动路口	6：50-7：10	一日一清
15	派出所	四宜路派出所	6：50-7：10	一日一清
16	中山吴庄	蔡官巷	6：50-7：10	一日一清
17	蔡官巷	蔡官巷93号、233号	6：50-7：10	一日一清
18	四宜路小学	四宜路	6：50-7：10	一日一清
19	四宜路	四宜路	6：50-7：10	一日一清
20	四宜路	四宜路2号	7：10-7：40	一日一清
21	柳浪西苑	河坊街柳浪西苑	7：10-7：40	一日一清
22	清波街	清波街9-97号	7：10-7：40	一日一清
23	清波新村	清波新村	7：10-7：40	一日一清
24	联华超市	清波街28号	7：10-7：40	一日一清
25	涵金花园	劳动路177号	7：40-8：00	一日一清
26	河坊街	河坊街487号	7：40-8：00	一日一清
27	吴山铭楼	劳动路紫薇街口	8：00	一日一清

表 3-9 "上城 4 号线"清洁直运线路

线路名称：上城 4 号线（音乐）				
线路类别：桶车线				
车辆出场时间：11：45 车辆回场时间：21：40				
序号	集置点名称	集置点位置	清运时间	清运频率
1	柳翠井巷惠民路口	柳翠井巷惠民路口	12：20	一日一清
2	光复路	光复路 28 号	12：20-12：50	一日一清
3	大三元惠民路	大三元惠民路 78 号	12：20-12：50	一日一清
4	吴山花鸟城华光路	华光路 1 号	12：20-12：50	一日一清
5	华光巷	华光巷 36 号	12：20-12：50	一日一清
6	清河坊社区华光巷	清河坊社区华光巷	12：20-12：50	一日一清
7	清波菜场	清波街 77 号	12：20-12：50	一日一清
8	清波街	清波街 95 号	12：20-12：50	一日一清
9	四宜路垃圾房	四宜路垃圾房	12：50-13：20	一日一清
10	广泰工地四宜路	广泰工地四宜路	12：50-13：20	一日一清
11	幼儿园四宜路	四宜路	12：50-13：20	一日一清
12	劳动路	劳动路 144 号	12：50-13：20	一日一清
13	家乐福	延安路 135 号	13：20-13：40	一日一清
14	耀江广厦定安路	定安路 39 号	13：20-13：40	一日一清
15	天兴楼	华光路高银街路口	13：20-13：40	一日一清
16	十三湾巷高银街	十三湾巷高银街	13：40-14：00	一日一清
17	吴山小吃街	吴山小吃街高银街	13：40-14：00	一日一清
18	大三元水果	惠民路华光路口	18：20-18：50	一日一清
19	吴山广场	吴山广场	18：20-18：50	一日一清
20	联华	联华清波街四巷街	18：20-18：50	一日一清
21	开元路花店	开元路吴山路口	18：20-18：50	一日一清
22	青年路	青年路东平巷口	18：20-18：50	一日一清
23	中山中路邮局	中山中路邮局	18：20-18：50	一日一清
24	邮电路	邮电路路边	18：50-19：20	一日一清
25	仁和路	仁和路路边	18：50-19：20	一日一清
26	工联	平海路延安路口	19：20-19：50	一日一清
27	西湖银泰定安路	西湖银泰定安路	19：50-20：40	一日一清
28	高银街光复路口	高银街光复路口	20：40	一日一清

表 3-10 "上城 5 号线"清洁直运线路

线路名称：上城 5 号线				
线路类别：桶车线				
车辆出场时间：3：45　车辆回场时间：8：20				
序号	集置点名称	集置点位置	清运时间	清运频率
1	美院	南山路 218 号	4：10	一日一清
2	房产信息	平海路 45 号	4：10-4：40	一日一清
3	华晨	平海路 25 号	4：10-4：40	一日一清
4	明珠商厦	长生路 20 号	4：10-4：40	一日一清
5	如家酒店	延安路 306 号	4：10-4：40	一日一清
6	凯悦酒店	学士路蕲王路口	4：10-4：40	一日一清
7	绿杨路	绿杨路路边	4：40-5：10	一日一清
8	南山路	南山路 103-13 号、103-10 号、216 号	4：40-5：10	一日一清
9	南山路	南山路 202-2 号、222 号	5：10-5：30	一日一清
10	南山路政治部	南山路政治部门口	5：10-5：30	一日一清
11	玲珑小镇	南山路 198 号	5：10-5：30	一日一清
12	7080 餐厅	南山路 87 号	6：20-6：40	一日一清
13	万松岭	南山路万松岭路口	6：20-6：40	一日一清
14	百江燃气	南山路 142 号	6：20-6：40	一日一清
15	征兵办	南山路 144 号	6：20-6：40	一日一清
16	胡庆余堂	南山路	6：20-6：40	一日一清
17	通信连	南山路	6：20-6：40	一日一清
18	警备司令部	南山路	6：20-6：40	一日一清
19	警备司令部	南山路警备司令部大门旁	6：40-7：00	一日一清
20	南山路	南山路 148-5 号	6：40-7：00	一日一清
21	军区门诊部	南山路 150 号	6：40-7：00	一日一清
22	千味豆花	南山路	6：40-7：00	一日一清
23	钜丰源	南山路 176 号	7：00-7：20	一日一清
24	太古咖啡	南山路 184-1 号	7：00-7：20	一日一清
25	布丁酒店	南山路与河坊街交叉口	7：00-7：20	一日一清
26	政治部	南山路 202-1 号	7：20	一日一清

3.2 车辆选择

垃圾车是城市环保运输过程中不可缺少的专用设备。垃圾车主要用于收集、装载和运输生活垃圾，并可将装入的垃圾压缩、压碎，使其密度增大，体积缩小，大大提高了垃圾收集和运输的效率。

垃圾车按用途可分为自卸式垃圾车、摆臂式垃圾车、密封式垃圾车、挂桶式垃圾车、勾臂式垃圾车、压缩式垃圾车、对接式垃圾车和测装压缩式垃圾车。按不同的用途需求，我们可以选择合适的垃圾车，在工作当中发挥其作业功能。

3.2.1 自卸式垃圾车

自卸式垃圾车如图3-2所示，广泛用于城市街道、学校垃圾处理，可一车配多个垃圾斗，各个垃圾点放置多个垃圾斗，带自卸功能，液压操作，倾卸垃圾方便。

图3-2　自卸式垃圾车

1. 自卸式垃圾车的定义

装有液压举升机构，能将车箱倾斜一定角度，用于实现垃圾依靠自重能自行卸下的专用自卸运输车。

2. 自卸式垃圾车的分类

自卸式垃圾车按车箱类型不同，可分为密封式垃圾车和敞开式垃圾车。

3. 自卸式垃圾车的用途

密封式垃圾车是收集、中转清理运输垃圾，避免二次污染的新型环卫车辆。其主要特点是垃圾收集方式简便、高效，环保性高，整车利用效率高，广泛适用于环卫、市政、厂矿企业、物业小区、垃圾多而集中的居民区和城市街道垃圾处理。

4. 自卸式垃圾车的特点

（1）密闭性能好。在运输过程中不会造成扬尘或泄露，这是安装顶盖系统的基本要求。

（2）安全性能好。密闭箱盖不能超出车体过多，否则易影响正常驾驶，形成安全隐患。应减少对整车的改动，保证车辆装载时重心不变。

（3）使用方便。顶盖系统能在较短的时间内正常打开和收起，货物装卸过程不受影响。

（4）体积小，自重轻。尽量不占用厢体内部空间，自重也不能过大，不然将造成运输效率下降或超载。

（5）可靠性好。整个密闭箱盖系统使用寿命和维护费用将影响其可靠性。

5. 自卸式垃圾车的工作原理

自卸式垃圾车的工作原理与自卸式货车一样，即箱体可以自卸，如同翻斗车、自卸车。装垃圾的时候需要人用工具将垃圾装上去，卸垃圾时，车辆液压顶升起后，将垃圾从箱体后部直接倒出来即可。

3.2.2 摆臂式垃圾车

摆臂式垃圾车如图 3-3 所示，由底盘、垃圾箱（斗）、摆臂减速缓冲油缸等组成。其特点是垃圾箱能与车体分开，实现一车与多个垃圾箱的联合使用。

图 3-3　摆臂式垃圾车

1. 摆臂式垃圾车的构成

摆臂式垃圾车可采用底盘加装统一配套液压举升总成,通过左右两臂装运全国统一摆臂式垃圾斗,可一车多斗,带自卸功能,安全稳定,性能可靠。垃圾斗箱体按摆臂式分为地坑式、地面式,配置不同形式的垃圾斗。可加装密封盖,防止泄露飞扬污染,以适应不同环境使用要求。采用国内领先技术及军工企业配件,质量可靠,可由生产厂家为用户提供垃圾斗图纸,协助用户设计垃圾斗。

2. 摆臂式垃圾车的用途

摆臂式垃圾车适用全国通用垃圾斗,带自卸功能,液压操作,垃圾斗可自吊上吊下,摆臂一次工作循环时间为 60 秒。该车的特点是货斗与车体分开,能实现一台车与多个货斗联合作业,循环运输,充分提高了车辆的运输能力,特别适用于短途运输,如环卫部门对城镇垃圾的清理、运输等。

3. 摆臂式垃圾车的应用场所

摆臂式垃圾车广泛适用于城市街道、学校垃圾处理。

4. 摆臂式垃圾车功能分类

可分为地坑式摆臂垃圾车、地面式摆臂垃圾车。

5. 摆臂式垃圾车斗分类

可分为船形斗、方形斗、密封斗。

3.2.3 密封式垃圾车

密封式垃圾车如图 3-4 所示，广泛适用于城市街道垃圾处理，具有密封自卸功能，液压操作，倾卸垃圾方便。

图 3-4　密封式垃圾车

1. 密封式垃圾车的定义

密封式垃圾车是收集、中转清理运输垃圾，避免二次污染的新型环卫车辆。

2. 密封式垃圾车的构成

密封式垃圾车主要由汽车底盘、箱体、开门机构、举升机构、电液控制系统等组成，是一种新型机、电、液一体化的全密封结构垃圾运输车辆。它不但可与 LSY 系列垃圾站配套使用，也可广泛用于城镇居民生活区、工业区、商业区、学校、公园、风景区等场所的垃圾运输工作。

3. 密封式垃圾车的分类

按外形不同，密封式垃圾车分为单桥密封式垃圾车、双桥密封式垃圾车、平头密封式垃圾车和尖头密封式垃圾车。

按用途不同，密封式垃圾车分为自卸密封式垃圾车、摆臂密封（地坑、地面两用型）式垃圾车、挂桶式垃圾车、拉臂式垃圾车、压缩式垃圾车等。

4. 密封式垃圾车的功能

垃圾斗可吊上吊下，摆臂一次工作循环时间为 60 秒。该车的特点是垃圾斗与车体分开，能实现一车与多个垃圾斗联合使用，循环运输，充分提高了车辆的运输能力，特别适用于短途运输，如环卫部门对城镇垃圾的清理，运输等。

5. 密封式垃圾车的应用

密封式垃圾车可用于环卫、市政、厂矿企业、物业小区等垃圾多而集中的居民区，亦可运输灰、砂、石、土等散装建筑材料，也可以在矿山或煤矿中送矿石或煤。

3.2.4 挂桶式垃圾车

挂桶式自装卸垃圾车如图 3-5 所示，采用链条和液压油缸联动装置，实现对垃圾半提升和翻转，将垃圾斗内的垃圾自动收入车厢，并可自卸。

图 3-5　挂桶式自装卸垃圾车

1. 挂桶式垃圾车的作用

挂桶式垃圾车由密封式垃圾厢、液压系统、操作系统组成。举升油缸（2 支）垃圾桶可自吊上放下，上下一次工作循环时间不大于 50 秒。

2. 挂桶式垃圾车的特点

挂桶式垃圾车的特点是一辆车能配几十个垃圾桶，能实现一台车与多个垃圾桶联合作业，循环运输，充分提高了车辆的运输能力，特别适用于短途运输，如环卫部门对城镇垃圾的清理、运输等。同时，挂桶式垃圾车还可以加装其他功能，形成其他多功能挂桶式垃圾车，如挂桶压缩式垃圾车、挂桶式泔水垃圾车、挂桶式对接垃圾车等。

3. 挂桶式垃圾车的组成

（1）上盖、后盖均采用液压开启、关闭形式。为保证有黏性介质的自卸，在垃圾箱内装有刮板装置。采用液压推动，剩灰（渣）率 <3‰。

（2）液压系统均采用优质的举升油缸、操作阀、卡套式接头、高压软管和高压钢管安装合理，同时布置了可靠的固定装置，保证长时间无任何泄漏，做到可靠、维修方便、延长使用寿命。

（3）垃圾箱在制造时采用武钢产优质钢板，箱底板可加装不锈钢钢板，保证介质自卸时的平滑性，同时箱底可根据地区的季节温度情况加装防冰冻设置，保障车辆的正常运行。密封垃圾箱内加装推板，保证其卸料干净。

4. 挂桶式垃圾车的功能

挂桶式垃圾车通过车载的联动装置挂住垃圾桶，然后通过自动装载垃圾的方式进行作业。

5. 挂桶式垃圾车的应用

挂桶式垃圾车主要适用于城市街道、学校、景区垃圾处理，可快速将垃圾桶内的垃圾自动收入车厢，到达目的地之后一次性自卸出来。

3.2.5 勾臂式垃圾车

1. 勾臂式垃圾车的特点

勾臂式垃圾车如图 3-6 所示，广泛适用于城市街道、学校垃圾处理，可一车配备多个斗，各个垃圾点放置多个垃圾斗，带自卸功能，液压操作，方便倾倒。该车的箱体部分完全由液压系统来控制，平时可将车载垃圾箱放置到各个垃圾收集站，待垃圾收集满后，该车可直接开赴至垃圾站，通过液压系统的操控，将垃圾车后座上加装的勾臂放下，挂住站内垃圾箱前端的连接点，将垃圾箱拉至车体的后座上，此时即可启动车辆，将垃圾运送至垃圾处理站内，进行自卸式倾倒。该车最主要的优点是可一车配多斗，一辆车就可以维持数个垃圾收集站的运转,效率高,且箱体为密封式设计,不会造成二次污染。

图 3-6　勾臂式垃圾车

2. 勾臂式垃圾车车斗分类

勾臂式垃圾车车斗可分为船形斗、方形斗、密封斗。

3. 勾臂式垃圾车的工作原理

勾臂式垃圾车液压油缸动作采用手动液压多路阀控制,液压多路阀控制油缸动作。液压系统由油箱及过滤系统、油泵、多路换向阀、单向节流阀、油缸、油管等组成。系统的动力源于发动机,通过取力器将动力分出,取力器带动齿轮泵工作。

齿轮泵经吸油滤油器将液压油箱中的液压油吸入,多路阀(位于驾驶室外后、车厢前部)负责供油。多路阀工作时使拉臂油缸、锁紧油缸产生动作;液压油缸不工作时,液压油经过多路阀直接回油箱。

4. 勾臂式垃圾车的垃圾装卸方式

(1)将锁紧钩操作手柄推至收回位置,锁紧油缸收回,使锁紧架收回并将翻转架与附车架锁紧固定;

(2)将拉臂操作手柄拉起到伸起位置,拉臂油缸伸出,活动拉臂绕翻转架前铰链轴旋转,拉臂处于钩箱位置,适当调整拉臂钩高度并与箱体弯钩对准;

（3）当拉臂钩钩到箱体弯钩时，继续推下拉臂操作手柄到落下位置，使垃圾箱体继续上车（注意：保证垃圾箱体的纵梁位于附车架尾部两后滚轮之间）；

（4）当垃圾箱体落放到附车架上后，松开拉臂操作手柄使其回到中位，再将锁紧钩操作手柄拉起至锁紧位置，锁紧油缸伸出，使锁紧架翻起并将翻转架与垃圾箱体锁紧固定，松开手柄使之回中位，完成垃圾箱体的上车工作，松开取力器，整车可以运输行驶；

（5）在卸垃圾前，整车运转达到6个标准气压时挂上取力器，打开垃圾箱后门锁紧装置，在前级二联多路阀处，首先确定锁紧架锁紧垃圾箱体（拉起锁紧钩操作手柄至锁紧位置），然后拉起拉臂操作手柄至伸出位置，垃圾箱体被倾斜举起，垃圾卸出。

3.2.6 压缩式垃圾车

压缩式垃圾车如图3-7所示，采用机、电、液压联动控制系统、电脑控制及手动操作系统，通过填装器和推铲等装置实现垃圾倒入，压碎或压扁并将垃圾挤入车厢并压实和推卸。

图3-7　压缩式垃圾车

1. 压缩式垃圾车组成

压缩式垃圾车由密封式垃圾厢、液压系统、操作系统组成。整车为全密封型，自行压缩、自行倾倒，压缩过程中的污水全部进入污水厢，较为彻底地解决了垃圾运输过程中的二次污染问题，关键部件采用进口部件，具有压力大、密封性好、操作方便、安全等优点。可选配后挂桶翻转机构或垃圾斗翻转机构。

2. 压缩式垃圾车的突出特点

（1）垃圾收集方式简便。它一改城市满街摆放垃圾桶的脏乱旧貌，杜绝二次污染。

（2）压缩比高、装载量大。最大破碎压力达 12 吨，装载量相当于同吨级排非压缩垃圾的 2.5 倍。

（3）作业自动化。采用进口电脑控制系统，全部填装排卸作业中只需司机一人操作，不仅减轻了环卫工人的劳动强度，而且大大改善了工作环境。

（4）经济性好。专用设备工作时，由电脑控制系统自动控制油门。

（5）双保险系统。作业系统具有电脑控制和手动操纵双重功能，大大地保障和提高了车辆的使用率。

（6）翻转机构：可选装配置带垃圾桶（或斗）的翻转机构。

3. 压缩式垃圾车存在的问题及对策

（1）作业噪声大

国内压缩式垃圾车普遍存在作业噪声大及扰民等问题。在设计、制造垃圾车时，应慎重选择车辆底盘、发动机和取力器，采取措施增强系统运动的平稳性，减少噪声，采用能吸纳噪声的材料，结构设计应能降低振动；通过液压系统和装载机构的优化设计，提高加工精度和装配质量，以达到减小车辆作业噪声的目的。

（2）密闭可靠性差

由于国内生活垃圾具有固液混合的特性，为了实现收、运过程中无垃圾渗滤液的滴漏，可通过以下方法解决：

①在填塞器翻转填料斗和装填器间加装一个边缘挡板，防止垃圾外泄；

②车厢底板应具有一定坡度，以防止垃圾渗滤液外泄；

③在填塞器下部安装积污水槽，用于储存车厢与填塞器之间滴漏的污水；

④加强装填器与车厢连接处的密封，防止压缩过程中垃圾外泄和垃圾渗滤液的滴漏。

（3）载质量^①利用率低

降低压缩式垃圾车自身质量，提高其载荷利用率，将降低车辆的运营成本。由于压缩式垃圾车上装结构复杂，自身质量较大，因此，设计时车辆底盘应优先选择技术含量高、动力性好、自身质量较轻、性价比较高的国产底盘：采用高强度材料，以降低自身质量；挡泥板、装饰件、盖板等辅件可采用密度较小的注塑件，采用集成化程度较高的零部件，以减少空间占用和自身质量，同时有利于改善液压系统的工作性能。

（4）操作舒适性

改善驾驶操作的舒适性，可减轻驾驶操作人员的劳动强度。为改善操纵性能，变机械操纵为电子控制，并装备电子监视系统。

4. 压缩式垃圾车应用

压缩式垃圾车广泛应用于我国城市生活垃圾的收集和运输。

3.2.7 对接式垃圾车

1. 对接式垃圾车的应用

对接式垃圾车如图3-8所示，是城镇垃圾压缩站内用于垃圾中转、卸料作业的专用车。

图3-8 对接式垃圾车

---

①载质量：指汽车可载人、载物的总质量，即汽车的有效装载能力。

2. 对接式垃圾车的功能

对接式垃圾车的操作系统由液压控制系统来完成。压缩垃圾站在将垃圾压缩成块后，将垃圾箱体垂直举起，并打开压缩箱排泄门，这时垃圾车箱体后门向上旋转开启，垃圾车后门与压缩箱后门对接，之后垃圾块被压缩箱内的推板水平推进到垃圾车箱体内，完成垃圾装载后，对接式垃圾车关闭垃圾车后门，将垃圾运到垃圾处理地进行倾卸。

3. 对接式垃圾车的优点

对接式垃圾车的收运方式是目前国内广泛采用的垃圾压缩站垃圾中转方式，可以实现一车多站，大大降低了配备成本和空间等。其专用装置的功能均以汽车发动机为动力，通过液压机构手动或电控、气控来实现。车辆的箱体采用优质碳钢板全密封焊接结构，具有强度高、重量轻、不产生二次污染等优点。

3.2.8 侧装压缩式垃圾车

侧装压缩式垃圾车如图 3-9 所示，是垃圾车的一种，是侧装垃圾车与压缩垃圾车的结合体。

图 3-9　侧装压缩式垃圾车

1.侧装压缩式垃圾车的工作原理

侧装压缩式垃圾车通过拉杆提升垃圾桶自动倒入垃圾，并往车厢后方推动挤压垃圾，达到压缩垃圾的目的。侧装压缩式垃圾车采用机、电、液压联动控制系统，电脑控制及手动操作系统，通过填装器和推铲等装置实现垃圾倒入、压碎或压扁，并将垃圾挤入车厢压实和推卸。它压缩比大、装载量高，最大破碎压力达12吨，装载量相当于同吨级非压缩垃圾的2.5倍。

2.侧装压缩式垃圾车与后装压缩式垃圾车的比对

侧装压缩垃圾车与后装压缩垃圾车的最大不同之处就是装载方式。前者是侧装，通过拉杆提升垃圾桶自动倒入垃圾，并往车厢后方推动挤压垃圾，达到压缩垃圾的目的。后者则是从后面通过直接挂桶或是人工投入的方式装入垃圾，并往车厢前面推送挤压垃圾，达到压缩的目的。

两款压缩垃圾车的卸载方式相同，都是通过压缩厢内的推盘推出达到卸载的目的。它们可将路边垃圾桶内垃圾收入垃圾厢，通过后压缩装置将垃圾车压缩成块运输，节省了垃圾容积，提高了效率，避免了二次污染。

3.侧装压缩式垃圾车的用途

（1）适应不同规格的垃圾桶自动送料至车厢内；

（2）车厢顶盖门自动驱动开闭；

（3）后门自动旋转驱动开闭；

（4）车厢内推板可将垃圾进行挤压，提高垃圾装载量；

（5）车厢平行举升，可与各种型号的压缩车对接，将车厢内垃圾平推至压缩车压缩机构内进行压缩，避免了中转过程中的二次污染。

3.3 物联网＋

3.3.1 物联网的定义

物联网是新一代信息技术的重要组成部分，也是信息化时代的重要产物，其英文名称是"Internet of Things（IOT）"。顾名思义，物联网就是物物相连的互联网。这有两层意思：其一，物联网的核心和基础仍然是互联网，是在互联网的基础上延伸和扩展的网络；其二，其用户端延伸和扩展到了任何物品与物品之间，进行信息交换和通信，也就是物物相息。物联网通过智能感知、识别技术与普适计算等通信感知技术，广泛应用于网络的融合中，因此被称为继计算机、互联网之后世界信息产业发展的第三次浪潮。物联网是互联网的应用拓展，与其说物联网是网络，不如说物联网是业务和应用。因此，应用创新是物联网发展的核心，以用户体验为核心的创新 2.0 是物联网发展的灵魂。

除了上面的定义之外，还有一些在具体环境下对物联网做出的定义。

欧盟：物联网是将现有的互联计算机网络扩展到互联的物品网络。

国际电信联盟（ITU）：物联网主要解决物品到物品（Thing to Thing，T2T）、人到物（Human to Thing，H2T）、人到人（Human to Human，H2H）之间的互联。与传统互联网不同的是，H2T 是指人利用通用装置与物品之间的连接，H2H 是指人与人之间不依赖于计算而进行的互连。需要利用物联网才能解决的是传统意义上的互联网所没有考虑的、对于任何物品连接的问题。物联网是连接物品的网络，有些学者在讨论物联网时，常常提到 M2M 的概念，在此可以解释为人到人（Man to Man）、人到机器（Man to Machine）、机器到机器（Machine to Machine）。本质上，人与机器、机器与机器的交互，大部分是为了实现人与人之间的信息交互。

ITU 物联网研究组认为，物联网的核心技术主要是普适网络、下一代网络和普适计算。三项核心技术的简单定义如下：普适网络是无处不在的、普遍存在的网络；下一代网络是可以在任何时间、任何地点，互联任何物品，提供多种形式信息访问和信息管理的网络；普适计算是无处不在的、普遍存在的计算。其中下一代网络中"互联任何物品"的定义是 ITU 物联网研究组对下一代网络定义的扩展，是对下一代网络发展趋势的高度概括。现在已经成为现实的多种装置的互联网络，例如手机互联、移动装置互联、汽车互联、传感器互联等，都揭示了下一代网络在"互联任何物品"方面的发展趋势。

3.3.2 物联网在环保领域的应用

1. 物联网时代环保信息化发展展望

物联网技术应用于环保领域，为环境保护提供了发展新思路，成为环保信息化的必然趋势。

2. 物联网的发展与环保信息化的梯次推进

科技的发展将使人们迎来物联网时代。将物联网技术应用于环保领域，通过综合应用传感器、全球定位系统、视频监控、卫星遥感、红外探测、射频识别等装置与技术，实时采集污染源、环境质量、生态等信息，构建全方位、多层次、全覆盖的生态环境监测网络，能够推动环境信息资源高效、精准地传递；通过构建海量数据资源中心和统一的服务支撑平台，支持污染源监控、环境质量监测、监督执法及管理决策等环保业务的全程智能化，达到促进污染减排与环境风险防范、培育环保战略性新型产业、促进生态文明建设和环保事业科学发展的目的。物联网为新时期环境保护的科学发展提供了崭新的思路。将物联网应用于环保领域是新时期环境信息化发展的必然趋势。

1999 年，国家环保总局首次在全国推广环境在线监控系统，这是物联网技术在环保领域的最初探索和实践。2008 年，环境保护部（现生态环境部）在全国 31 个省、自治区、直辖市，6 个督查中心和 333 个地级市部署了国控污染源在线监控系统，并制定了一系列的数据传输、信息交换标准规范，建立了企业、污染源、监测点、仪表等对象及关系模型，为管理层提供总量控制和减排评估等管理信息，开始了物联网在环保领域的规模建设和行业级实践。

经过多年的努力，我国在环境信息化建设方面取得了显著成效，先后制定并颁布了"九五""十五""十一五""十二五"环境信息化建设规划和指导意见等文件；基本形成了国家、省、市三级环境信息机构；初步建成了覆盖 31 个省、自治区、直辖市的广域网系统；组织开发了建设项目审批、环境质量监测、环境应急管理等一系列环境业务应用系统。目前，开展物联网研究、进行物联网建设已成为我国政府和社会的共识。在环保领域，物联网应用的建设已成为培育和发展战略性新型环保行业、推动环境管理升级的重要手段，对促进我国环保事业的发展具有重要且深远的意义。

3.3.3 环保物联网应用的意义

物联网技术的发展和在环保领域的全面应用，将引发环境保护思路与方式的根本性变化，成为培育和发展战略性新型环保行业、推动环境管理升级的重要手段，助推我国环保工作突破创新。

1. 促进环境保护管理模式创新

通过环保物联网应用，能够对环境质量、污染要素进行实时监测、过程监控，将环保管理模式由事后处理为主转向事前预防为主，由粗放式监管转向精细化监管，由单纯政府监督扩大到政府、企业、社会公众共同参与。

2. 提升环境保护乃至经济与社会发展决策能力

通过环保物联网应用，可以实现对水、气、声、土壤、生态等环境要素由点到面的监测，及时、全面地获取环境质量、污染源、环境风险等方面的信息，实现对环境保护总量核算、环境执法、环评指标制定、生态保护等业务的支撑，提升环境管理决策能力，促进环保事业科学发展。通过环保和经济社会其他领域物联网应用的关联，如将环保污染监控信息预测分析与城市环境承载力相关联，将环保物联网监控信息与社会卫生相关联，可为疾病防疫提供有力支撑，能够全面提升经济与社会发展的决策能力。

3. 提高环境的民生服务能力，促进社会和谐

通过环保物联网的建设与应用，实时监测和分析环境要素，能够为企业改善生产工艺、节能降耗服务，促进污染减排，优化经济发展。同时，环保物联网的应用可促进信息公开，方便群众办事，能更好地为社会公众服务。此外，环保物联网通过和其他物联网的有效协同，丰富了数据来源，扩大了服务范围，如与食品检测系统协同保证食品安全，与城市管理系统结合支持改进城市环境质量、排查环境风险等，进而促进环保和城市发展相协调，与经济发展相适应，促进社会和谐。

3.3.4 物联网＋环保应用

随着系统功能的不断扩展及数据的更新和扩充，在未来几年，环保系统最终将建成一个集 GIS 技术、移动定位技术、无线通信技术、网络技术

和数据库技术为一体的环保综合平台，形成具有决策支持、数据挖掘、快速处理和分流、综合管理和分析、信息挖掘和服务等功能的智能化的环保业务及应急处置一体化信息系统。

环保物联网有 4 个方面的应用。

1. 建立高维度网格化数字环保平台（即三维 -GIS 平台）

在空间数据库和属性数据库有效整合的基础上实现 GIS 基本功能，包括 GIS 图形信息浏览功能、网格划分、信息查询、数据维护等基本功能。实现环保业务方位区域化、数字化，加强环保部门执法力度、提高环保业务管理能力；使污染源在线监控系统在 GIS 上得到更形象的表现，使污染源监控数据与电子地图相结合，直观、明了地展示监控数据内容。

2. 建立环境保护综合管理信息及数据巡检系统平台

采用分层框架结构，建立满足污染源实时监控、超标报警、业务信息管理在内的环保综合管理信息系统平台。监控内容可包括污染源在线监控、空气质量监控、放射源监控、汽车尾气监测等。

3. 环境事故应急处置及智能执行专家系统

采用符合 SOA 设计思想的架构模式，建立能满足突发环境污染事件应急反应需要、为应急指挥提供科学决策的系统，根据危险品库及时查找相关危险品的环境影响和处置方法；根据具体事件启动相应预案；通过扩散模型及时评估危害范围；根据以上综合信息帮助领导及时做出相关指挥命令。

4. 环保环境物联网信息系统

选定某一个突发环境事件应急处置过程，基于物联网的思想和理念，利用无线通信及传感器等技术，实现应急事件信息的感知、获取、判断、决策、处置、执行，最终完成基于物联网的环境事件应急处置执行的示范。

具体来看，环保物联网可包含以下内容。

1. 环境质量三维 GIS 结合遥感和 GIS 技术

在现有的 2D 地图的基础上进行三维建模，创建污染源与环境质量三维电子地图。

2. 区域内务流域三维全景视图

综合利用 GIS 技术和虚拟现实技术，实现城市各河流流域三维全景视图，实现身临其境的观测和监控。

3. 地下排污管道关联信息及全景显示

对于重点排污企业及重点排污源，实现相应位置的地下排污管道关联信息的全景显示，一旦发现污染情况，可以立即判断源头，防止持续扩散。

4. 水源仿真、扩散模型系统

根据城市水系流域特点及水质保护的要求，开发水资源仿真、扩散模型系统，模拟区域内全流域水资源的基本状况、水流运动过程及水体污染源扩散状况，汇总全部水资源技术指标，为水环境污染控制系统仿真研究提供保证。

5. 流域可持续发展管理信息系统

以城市近几年人口、经济、环境、GDP 各项统计数据为依据，综合流域可持续发展现状，结合目前实行的投入产出核算制度并整合环境监测数据，完成城市区域可持续发展信息系统建设。

6. 大气扩散模型、爆炸模型

在 GIS 平台中实现大气扩散的动态模拟和不同量级的爆炸扩散模型模拟。

7. 移动执法管理系统

利用 3G 无线网络技术，通过在系统中分配权限，用户可以直接用 PDA 登录主系统进行办公操作。同时，开发 PDA 嵌入式移动执法系统，实现执法人员现场执法操作。

8. 决策专家系统

建立流域水环境综合管理专家决策支持系统，为流域管理及区域管理决策提供分析问题、建立模型、评估情景、模拟决策的环境，帮助提高决策水平。

9. 生态修复示范区

运用模糊层次分析方法，综合生态修复关键技术，进行生态系统的健康评价体系设计，完成生态修复示范区的建设。

10. 环保综合业务应用系统

根据环保部门对相关业务的需求，全面实现环保监控监管工作的政府信息化，并建立数据之间的关联关系，更好地服务环保业务。

3.3.5 环保物联网的研究进展

现阶段环保物联网技术与应用尚未建立起一套标准的、开发的、可扩展的物联网体系构架。根据赛迪顾问股份有限公司发布的《中国环保物联网应用白皮书（2011年）》的建议，环保物联网应用的总体架构包括用户层、应用层、支撑层、传输层和感知层。

用户层是环保物联网应用面向的最终用户，包括环保管理、监测、研究等相关部门，污染物排放、污染治理等企业和社会机构及社会公众。应用层包括环保物联网应用门户和业务应用系统，门户为环保物联网各类用户提供所需服务和资源的入口和交互界面，应用系统涉及环境质量监测、污染源监控、环境风险应急处理、综合管理和服务等。支撑层包括IT基础设施和环保物联网应用统一支撑平台，依托基础设施和软件服务，实现共性应用功能的构造。传输层由环保政务专网、电信网、互联网、广播电视网等构成，支持环境信息在环保部门间的传递。感知层主要通过多种环境监测设备实现环境质量和污染源等相关监测信息的采集。

在环保领域，我国对物联网应用的建设采取了重要措施。

化学需氧量、二氧化硫、氨氮和氮氧化物等污染物已经作为约束性指标被纳入国家"十二五"规划，而通过物联网技术的应用，完善现有系统，整合信息资源，实现这些环保指标体系的有效监测、统计和考核，能够进一步提高环境质量监测数据的准确性，增强污染源监控效果，有效提升环境监管能力，促进节能减排目标的实现。同时，通过环保物联网的应用建设，可以进一步促进环境应急管理体系的建立。

此外，通过物联网技术实现对水、气、声、土壤、生态等环境要素，特别是核与辐射、危废、医废等危险源进行全方位的监测及全面、有效的监管，能够准确预警各类环境突发事件、全面反映环境风险和质量的状况和趋势，实现对突发环境风险的预警预测、应急准备、应急指挥和响应及事后管理，形成环境风险应急的全过程管理，成为防范环境风险的有效保障。

同时，应用物联网建设全方位的环境质量和污染要素的监测、监控体系，通过实时监测、过程监控、数据分析、决策支持等手段，增加和丰富环境信息数据，保证环境数据的真实性和时效性，从而节约管理成本，改进传统的管理方式，为环境管理的科学决策提供重要支撑。通过污染源自动监控、环境在线监控等技术的广泛应用，对环境管理理念、方法、体制、机制的变革形成推动力量，从而借助技术手段实现污染的有效控制和环境的有效保护，提升环保管理水平和管理效率。

此外，如何监管排污企业达标排污、监督其污染治理设施长期稳定正常运行，一直是环保部门与排污企业之间的博弈。通过污染源自动监控系统全天候实时监控企业排污状况，可及时捕捉企业超标超量违法排污行为，进行取证并予以处罚，不仅捍卫了法律的严肃性，而且极大地扼制了企业偷排超排行为，迫使企业自觉调度调控生产和环保治理设施运行状态，增强守法意识，提升了企业环境管理水平。

随着物联网应用的不断深入，环境监督的主体由单纯的政府监督扩大到政府、企业和社会公众的共同监督。政府通过在线监控系统收集的数据，定期公告企业排污信息，不但对企业产生警示，更间接发挥了公众参与和新闻媒体的舆论作用，形成范围更广、更全面的监督体系，从而进一步促进污染的治理和环境质量的改善。

3.3.6 环保物联网面临的问题

虽然环保物联网技术发展迅速，但是在发展过程中仍然面对着许多问题与困惑，主要表现为对环保物联网的认识不充分，缺乏顶层设计，技术发展与管理机制、应用能力的不匹配，数据准确性和有效性亟待改善，人才缺乏等，因而需要有效的策略以促进这些问题的解决。

首先，科学有效的顶层设计是环保物联网应用建设成功的基本前提。通过科学的顶层设计，准确确定环保物联网应用建设的范围，把握建设重点，避免重复建设，详细规划建设任务与实施路径，并把顶层设计上升到决策高度，保证顶层设计的落实，是环保物联网应用建设成功的基础。

当今信息技术发展日新月异，云计算、物联网、"智慧地球"、"感知中国"等新技术、新理念不断涌现，为环保事业的发展和环保信息化建设提供了新的动力。环保物联网应用建设需要密切关注信息技术发展的新趋势、新挑战，结合自身实际，积极把握新技术带来的新机遇，深入研究，超前谋划，形成新的核心竞争力，掌握未来发展的主动权。

因此，环保物联网应用建设必须慎重选择投资策略、解决方案和建设模式，注重投资效益，规避风险，保证信息化可持续发展。环保物联网应用建设要分阶段、分模块、分步骤进行；建设资金要根据发展情况，有计划、分阶段地投入，保证建设和运营效果。规避信息化建设风险的具体措施主要有：第一，需要专家与咨询机构的支持。环保物联网应用建设的主管部门应在第三方咨询顾问机构的帮助和组织下，制定环保物联网应用建设的策略，根据环保物联网应用建设规划的要求和不同阶段、不同应用系统的具体情况，确定建设内容和策略，这是项目成功与否的关键所在。第二，面向国内外 IT 企业进行广泛招标，充分比较各种解决方案，选择成熟、可扩展性强的产品，保证环保物联网的可持续发展。第三，在进行环保物联网应用建设决策时，要充分考虑建设后期的运营策略，并确定哪种建设、运营模式更适合建设实际情况，以取得真正的竞争优势。

除此，建立统一的数据标准，规范信息传输接口、数据计算方法、传输模式、处理办法等，对改善数据质量和有效性十分重要。需完善相应技术规范、完善在线系统的运维和管理标准，研究制定一整套从现场安装、运维、实施、管理到监控中心管理、维护等全方位的规范和标准并进行推广，如制定不同行业或不同的污染种类、仪器选装指导性原则，制定环境在线监控仪器安装后的强检制度、行政处罚的判别程序及超标报警数据的有效性判别等法规。通过规范运维管理考核制度，改善环境自动监控数据的有效性和权威性，促进环境自动监控技术的发展。

3.3.7 下一步发展的重点方向

基于环保物联网的地表水水质监测与预警系统的建立，完善地表水自动监控网络的建设，不仅监管大江大河或主要水系的干流，同时提升支流及小城镇及广大农村地区河流自动监控能力，特别是饮用水源地水质自动监控能力。监测项目由常规项扩展到重金属、有机农药等对人体健康危害较大的污染物，特别是水源地重金属指标的监测和控制。自动水质监测系统应用时，一旦观察到有某种污染物的浓度发生异变，环境监管部门就可以立刻采取相应的措施，取样分析，以确定目标区域的污染状况和发展趋势。依据水质自动监测系统全面快速地分析地表水水质情况，构成了完善可靠的地表水实时在线预警监测系统。系统主要应用于流域预警监测、界河预警监测、饮用水源地安全预警监测，可针对不同的监测对象，有针对性地对水质进行实时监测预警。首先，实时监测数据，实现实时在线预警；其次，在报警出现后对水质污染程度做出定量分析，确认报警内容；最后，通过监测数据进行分析判断，如有异常通过网络中心报告并立即启动子站其他在线水质分析仪对水质进行综合分析，并将数据通过网络向中心报告，使相关部门可以及时采取防治措施。

建立区域大气环境质量预警体系，完善大气污染联防联控机制，加大PM 2.5自动监控能力。按照国务院及《新环境空气质量标准》（GB 3095–2012）时间表的要求，从2012年起，京津冀等重点区域及直辖市开展细颗粒物与臭氧项目监测。以京津冀、长三角和珠三角等区域为重点，实施多污染物协同控制，不断完善大气污染联防联控机制。"十二五"期间，天津市需扩大PM 2.5自动监控网络的能力，覆盖全市所有的区县。PM 2.5是一种易飘浮的区域性污染物，随着京津冀经济一体化进程的加速，京津冀地区的相互依赖程度不断加强，破解整个区域的灰霾污染必须着眼于联防联控，这就要求建立一个共同的控制目标，建立三地协调治理灰霾的新机制。以京津冀地区大气污染防治规划为基础，根据环境保护和污染治理的系统性管理需要，信息资源的整合需要打破地域限制，基于环保物联网的数据和系统，初步建成三地空气质量监测网和大气污染预警体系。

借助物联网，开展污染源全面监控模式，做好总量减排数据支持。

"十二五"期间，首先，监控对象范围将不断拓展，重点污染源从废水、废气排放监控扩展到危废、重金属等的监控；其次，监控深度将不断加强，在污染源末端监控污染物的排放浓度、排放量的基础上，还监控企业污染排放和治理设施的工况运行情况。不仅监管排污末端，而且监控过程（生产过程、治理设施），并支持远程反控，用整体化、系统化、全方位监控代替单一的排污口监控，通过多信息、多角度、多方式判断企业污染排放行为。建立管理科学化、硬件配置合理化、监测精确化污染源监控系统，围绕减排服务，进行监控设备建设、管理，监控数据汇总、审核和公报，对重点排污企业超标排污违法行为进行现场监督检查，行使现场执法权、行政处罚权；给减排管理工作提供了及时、准确和全面的数据。加强对重金属、危废的管理，形成流程化闭环管理，将固定与移动检测设备数据即时上传，对流程中关键的关口环节（如交易、转移等）与实时数据或实证进行绑定，实现全程数据的跟踪。

建立统一的环保物联网平台，对数据深层次挖掘和综合评价建立市一级统一的监测数据中心和环境空间数据共享服务平台，将污染源监控、大气环境质量监测、水环境质量和环境应急管理等环境监测业务集成在统一平台上，实现环境质量、污染要素实时监测、过程监控，将环保管理模式由事后处理为主转向事前预防为主，由粗放式监管转向精细化监管，实现实时连续监测、远程监控。在统一的平台上可对数据进行自动审核和信息报警，对海量监测数据进行深层次挖掘，对区域环境、污染源关联监测数据进行综合评价，结合气象参数实现数据多方面的综合评价和应用，实现环境预警体系。

3.3.8 物联网——杭州清洁直运

物联网时代的到来是不可避免的，无论是从标准的研究、技术产品的开发等基础性工作来看，还是从发达国家政府的重视程度来推测，抑或是从风险资本的推崇和进入来分析，都能发现物联网正以势不可当之势向我们快速走来。环境在线监控或者说环保信息化是重要的物联网应用，把握物联网的发展趋势，目的是更好地坚持10年来坚持不懈的方向，凝聚行业共识，更好地推进环保领域物联网的建设，从而借助技术手段有效地实现我国的污染控制和环境保护。环保利在当代、功在千秋，率先建设好环保领域物联网是当下我国的迫切需要。

作为杭州市第一个推行清洁直运的城区，上城区是第一个将"互联网＋"概念引入清洁直运中的城区。杭州市环境集团有限公司通过与上城区城管局加强信息化交流和数据共享，创新打造上城区清洁直运"互联网＋"模式。杭州市环境集团有限公司与上城区城管局共享车辆 GPS 数据、清运点坐标、清运路线、垃圾量数据等 8 项数据内容，并统一接入区城管局集中监管平台，强化监督，实时监管。区城管局也将监管平台接入上城分公司，实现告知直达化，减少中间环节，提高监管效率。

通过该项创新措施之后，上城区内的任何一条清运线路的作业情况都能实时呈现在统一的互联网数据大平台上，一目了然。

3.4 运输模式

我国城市间地域、经济、文化发展水平不尽相同，城市的大小、人口密度相差悬殊，这对合理运输模式的建立提出了很高的要求。建立合理运输模式的前提，是对区域进行合理、系统的分类。

垃圾运输模式的确定可采用聚类分析（Cluster Analysis）的方法。该方法是根据事物特征对事物进行分类的一种多元分析技术，可把性质相近的事物归为一类，使得同一类中的事物都具有高度的同质性，不同类之间的事物具有高度的异质性。聚类分析的基本思想是用相似性尺度来衡量事物之间的亲疏程度，并以此来实现分类，其实质是根据事物本身的属性来构造模糊矩阵，在此基础上根据一定的隶属度来确定其分类关系。在涉及区域划分问题的系统研究中，通常使用聚类分析加以解决。根据影响垃圾运输模式的两个主要因素——收集密度和运输距离进行聚类分析。以某城市为例进行垃圾运输区域划分的聚类分析，如表 3-11 所列。

表 3-11　收集密度和运输距离

区　　域	收集密度 （吨／平方千米）	运输距离 （千米）	区　　域	收集密度 （吨／平方千米）	运输距离 （千米）
1 区	35.37	20	11 区	2.49	10
2 区	38.63	15	12 区	2.43	20
3 区	14.17	15	13 区	1.64	10
4 区	19.77	10	14 区	0.99	10
5 区	39.90	15	15 区	1.06	10
6 区	23.75	10	16 区	1.14	10
7 区	28.23	13	17 区	0.91	10
8 区	31.05	11	18 区	0.88	10
9 区	15.56	13	19 区	0.62	20
10 区	2.25	10			

依表 3-11 中的区域顺序编号，进行收集密度聚类分析，得聚类图，如图 3-10 所示。

把 19 个区域分成两类，即市区及郊区。第 1 类区域（市区）编号有 3、9、

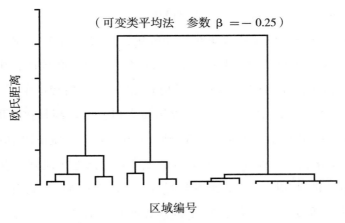

（可变类平均法　参数 β = - 0.25）

图 3-10　收运系统区域划分聚类图

4、6、7、8、1、2、5 计 9 个，收集密度 14.17—39.9 吨／平方千米；第 2 类区域（郊区）编号有 19、18、17、14、15、16、13、10、12、11 计 10 个，收集密度 0.62—2.49 吨／平方千米。

在此基础上结合运输距离分析，把市区 9 个区再分成两类，第 1.1 类区

（中心区）编号有 1、2、5 计 3 个，收集密度 35.37—39.9 吨 / 平方千米；第 1.2 类区（次中心区）编号有 3、9、4、6、7、8 计 6 个，收集密度 14.17—31.05 吨 / 平方千米；把郊区 10 个区再分成两类，第 2.1 类区（近郊区）编号有 10、12、11 计 3 个，收集密度从 2.2—2.5 吨 / 平方千米；第 2.2 类区（远郊区）编号有 19、18、17、14、15、16、13 计 7 个，收集密度 0.62—1.64 吨 / 平方千米。

通过聚类分析，把城市内区域分为两大类、四种类型进行垃圾运输模式设计。同理，国内其他城市或城市内区域亦可用类似方法，选择与之相适应的垃圾运输模式。

（1）第 1 类区域（市区）

①第 1.1 类区（中心区）。这类区域的特点是人口密度高且比较均匀，垃圾产生量较大，收集密度为 30—35 吨 / 平方千米，这类区域的地价高，属城市中心区域，主要是市行政中心所在地及商业区，对市容市貌、视觉环境质量要求高，不宜建造垃圾处理设施。

根据道路条件，可采用收集车流动收集，一般选用 2—6 吨压缩车。因垃圾收集后运至处理厂的运距较远，故设置中转站是必须的，中转站经济规模一般为 300—400 吨 / 天较好，可配套 15 吨集装箱转运车。

②第 1.2 类区（次中心区）。这类区域人口密度较高且比较离散，垃圾产生量较多，收集密度一般为 10—30 吨 / 平方千米，属城市次中心区域，主要是居住、文化教育及商业区。在该区的城乡接合部地区建有垃圾处理设施。

在垃圾处理设施附近（运距不超过 5—7 千米）地区，可建压缩收集站来收集居民生活垃圾，或采用 2—6 吨压缩收集车收集居民生活垃圾并直接送往处理设施；而运距较远地区的垃圾，采用压缩收集车收集，经中转站，用大型转运车运往处理设施，可采用 15 吨集装箱转运车。

（2）第 2 类区域（郊区）

①第 2.1 类区（近郊区）。这类区域的特点是地域广阔，人口分布比较分散，在区域中心地区垃圾分布相对集中，而相当部分的农村地区垃圾分布相对分散。因此收集密度一般为 2—10 吨 / 平方千米，但差异性很大。

运输距离较远的、区域中心地区的垃圾，采用3—6吨收集车，经中转站用大型转运车运往处理设施，可采用15吨集装箱转运车。距离处理设施较远的农村地区，垃圾采用人力收集车收集后，用3—6吨收集车运往处理规模100吨/天以上的垃圾分流中心，进行分拣及资源化利用后再用8—10吨集装箱转运车运往处理厂。

处理设施附近(运距不超过7—10千米)地区的垃圾直接运往处理设施，其中乡镇可建压缩收集站来收集居民生活垃圾，而农村地区可采用3—6吨收集车流动收集垃圾。

②第2.2类区(远郊区)。这类区域的特点是地广人稀，垃圾产生量较低，收集密度一般小于2吨/平方千米，并设有服务于本地区的垃圾处理设施，农村地区采用人力收集车收集垃圾后，集中用3—6吨收集车；乡镇可建压缩收集站来收集居民垃圾，运往处理规模100吨/天以上的垃圾分流中心，进行分拣及资源化利用后再用8—10吨集装箱转运车运往处理厂。

综上所述，城市未来发展的四种类型垃圾运输模式如表3-12所示。

表 3-12 垃圾运输模式

区 域	收集密度(吨/平方千米)	至处理厂距离(千米)	收运模式		
			收集方式	转运模式	转运车
中心区	≥ 30	≥ 20	2—6吨压缩车	中转站	15吨集装车
次中心区	10—30	≥ 10	2—6吨压缩车，压缩收集站	直运+中转站	15吨集装车
近郊区	2—10	≥ 10	人力收集车，3—6吨收集车，压缩收集站	直运+中转站+分流中心	8—15吨集装车
远郊区	≤ 2	≥ 10	人力收集车，3—6吨收集车	直运+分流中心	8—10吨集装车

3.5 运输组织措施

清洁直运需要注意以下几点。

1.根据集团"五按二准时"的作业要求，每日按时上班并至调度室报到，进行指纹签到、领取路单。如无法进行正常指纹考勤，应当即告知值班调度员，进行手工签到，不得自作主张不签到。司机必须按时出车，遇车组人员未到岗、车辆故障或其他原因，无法按时正常出车影响正常作业的，必须立即向当班调度员汇报，听从当班调度员的安排，不得擅自离岗或做与工作无关的事。

2. 司机必须严格执行车辆例保规范，认真做好车辆"出车前"的检查工作，发现问题及时报修，并通知调度室，同时在车辆检查本上做好记录，待修复后方能进行正常运营。车辆行驶中要密切注意车辆状况，发现有影响安全行驶的故障应及时停车检修或报路救进行抢修。车辆故障若不影响营运，待收车后进行报修。

3. 司机要熟知当班运营线路的走向和线路操作要领，临时替班司机要熟读线路行车操作示意图，了解并掌握所提示的要点，按线路指示要求行车。运营车辆未经调度部门批准不得改变出场、回场交接班时间和行驶线路。

4. 一司一辅车组，司机需辅助集运员做好清洁直运作业步骤，详细分解为12个程序，主要是开盖、铺毯、推桶、挂桶、翻桶、擦桶、复位、清洁、清毯、收毯、清扫、闭盖。双方互相帮助、和睦相处，提高工作效率。

5. 车辆行驶过程中，要严格遵守交通法律法规和公司各项安全生产规章制度，严格执行岗位安全操作规程，严禁无证驾驶机动车。"文明行车，礼貌让行"，杜绝人行横道不礼让等六类违法行为的发生。

6. 严格执行安全行车"三、二、一"操作法，车辆转弯要正确使用语音提示，车辆停车作业时要在车辆前后方醒目位置放置作业告示牌，在斜坡作业时需在车轮下放置专用三角塞铁防止车辆溜坡。

7. 库区道路行驶注意控制车速保持在5千米/小时左右，做到不超速、不超车。车辆在处置场倒车时应有车上人员下车指挥，或在现场管理人员的指挥下方可进行倒车，在倾倒垃圾时应做好车辆安全保险挂绳的固定，以防车辆后翻等情况的发生。

8. 作业结束后，将车辆清洗干净，车身、翻转机构不得有污物残留，驾驶室内要保持干净整洁，并按规定给车辆加注好燃油后方可进入停车楼停车。

9. 进入停车楼按指示标志行车，不得逆向行车和超速行车。车辆需按指定停车位停放，不得占用非指定停车位停车，车头一律朝外停放。倒车进入库位时要注意观察，确保安全进入库位。

10. 按规定进行车辆例保检查，做好车辆检查记录并报修。

11. 检查结束后关闭电源总开关并关好门窗后方可离场。

3.6 运输安全

1. 夜间行车危险性

夜间行车，视野不如白天开阔，经常会遇到突发情况，危险性大。驾驶员长期驾驶车辆，注意力高度集中，瞳孔扩大，眨眼的频率降低，会出现头晕、视物模糊、双眼胀痛、注意力不集中及烦躁不安等症状，尤其是午夜后行车最容易产生疲劳，甚至打瞌睡。另外，夜间行车由于看不见道路两旁的景观，减小了对驾驶员兴奋性的刺激，容易引起驾驶疲劳，甚至导致交通事故。

2. 天黑前就要打开车灯

开灯不仅是为了照明，更重要的是让其他交通参与者能够观察到自己的车。因此，不要等到天黑以后再打开前照灯，应在灯光能显示出车的轮廓时就打开车灯，这样更安全。另外，在雨天行驶时要使用前照灯的近光灯，不能只开示廓灯行驶。

3. 夜间行驶，控制车速更重要

夜间即使开着前照灯，可视距离也比白天短得多。遇到危险时，留给自己的反应和处置时间相对较短。所以，在夜间行车时，车速应更慢，以保证车辆的制动距离在前照灯照亮的距离之内，从而能及时应对危险。

4. 尽量避免超车

当发现前方有车辆时，应保持比白天更大的车距。夜间很难判断车距是否可以超车，所以应保持较大的车距，尽量不要超车。

5. 照明不好的地方尽量使用远光灯

只要不违反法规，在照明不好的地方尽量使用远光灯（如在开阔的乡村道路，或者黑暗没有路灯的城市街道上）。对面有来车时，要及时把灯切换成近光，不要使对面的驾驶员目眩。

6.照明好的地方应使用近光灯

夜间在照明条件好的市区或路段行车时，应使用近光灯，以安全的速度行驶。同时借助路灯，尽量把视野扩大到前照灯光以外的区域。

7.时刻注意前方道路上的情况

夜间驾驶时，常会遇到停靠的车辆、意外障碍物及不易观察到的行人或自行车等。另外，也会因突然出现的急转弯或陡坡而看不到前方的路面。所以，在行车时应集中注意力，时刻观察前方灯光能照到的道路情况，谨慎驾驶，随时准备应对突发情况。

8.不要直视迎面来车的前照灯

夜间当迎面车辆向您驶近时，若直视其前照灯，会因强光刺激看不清前方的道路情况。所以夜间行驶时，不要直视对面来车的前照灯。

9.车内灯尽量不要打开

夜间行驶，眼睛会逐渐适应黑暗的环境。若打开车内灯，则会使已经适应黑暗环境的视力突然下降。如果您驾驶的不是公交车，在行驶中尽量不要开车内灯，以免影响您的视力。

10.遇对面车辆不关远光灯时要及时避让

您在行车中如果遇到对面车辆未把灯光切换为近光灯的情况，须冷静对待，注意不要直视对面的灯光，而应在仔细观察道路右侧边缘的同时，用余光观察来车。千万不要试图用强光"还击"，这样会使双方视野受限，很容易发生事故。

11.夜间行车应引起注意的几种情况

夜间很难看清前方行驶的摩托车和自行车，因为大多数摩托车只有一个尾灯，而自行车只有反光装置，有的自行车甚至没有安装反光装置。

很多道路施工都是在夜间进行的，在道路施工区域行驶时，应降低车速。

离开有强光照明的地方后，应及时减速行驶，逐渐适应黑暗路况。

当只有一个车灯的机动车向您驶来时，应尽可能地紧靠右侧行驶，给对方车辆留出足够的空间。因为来车可能是摩托车或三轮农用车，也可能是缺了一只前灯的汽车。

12. 作业前应对车辆进行必要的检查

准备进入高速公路前，应对车辆做必要的检查。一次简单的检查，可以避免很多行车中的麻烦。对轮胎的检查尤其必要，因为在高速公路上发生爆胎会非常危险。

13. 不要频繁超车或变更车道

在公路上频繁变更车道，见车就超或被超后立即提速，将使身体总是处在高度紧张状态，这样很容易疲倦。每超越一辆正常行驶的机动车，公路上就会增加一次发生交通事故的危险。

14. 充分利用行车间距确认路段

在公路上行车时，由于长时间高速行驶，视觉的立体感逐渐下降，对距离的估计容易发生偏差。此时，千万不要过分相信自己的视觉判断，每当行驶到没有确认车间距离的路段，应及时检查并调整与前车的行车距离。

15. 转向失灵的应急处置

当发现转向失灵时，应尽快减速，在采取制动措施的同时，注意及时传递危险警示信息，提醒道路上的其他车辆及行人注意避让。车速较高时，不可紧急制动车速，否则车辆容易发生侧滑甚至倾翻。

16. 制动失效的应急处置

行车中突然发现制动失效时，最重要的是握稳方向盘，设法避开交通复杂、人员较多的地方，并视情况抢挂低挡或使用驻车制动进行减速，同时利用上坡道或天然障碍迫使车辆降速、停车。

17. 爆胎时的应急处置

当觉察到轮胎爆裂时，应及时握紧方向盘，控制方向。同时缓踏制动踏板尽快降低车速后，迅速抢挂低挡。在发动机制动尚未控制车速时，不要冒险紧急制动停车，以免车辆横甩发生更大的危险。

18. 失火时应急处置

车辆着火时，应迅速将车辆驶向人员稀少的空旷地带，远离加油站、建筑物、高压线、树木及其他易燃物品，并设法救火。如果发动机着火，应迅速关闭发动机，尽量不打开发动机罩，从车身通气孔、散热器及车底灭火。

19.遵守伤员紧急救护的基本原则

伤员紧急救护的基本原则是先抢救重伤员，再抢救轻伤员；先救命，再治伤；先通气止血，后包扎固定，妥善转送就近医院。

20.尽量不要移动伤者

除非面临危险，否则不要轻易移动伤者。如果不了解伤情或不懂急救，急于移动伤者可能会进一步加重对其的伤害。对伤势不清的伤者，在专业救护人员到来之前，不要急于将伤者送往医院，防止由于一些致命伤没有被发现，在搬动时加重伤势，导致运送途中死亡。应及时拨打120求救。

21.抢救伤者要预防二次伤害

抢救伤者要沉着冷静，避免二次伤害。抢救压于车底的伤者时，要设法移开车辆或物品，禁止拉拽伤者的肢体；从车中移出伤者或搬运伤者时不要生拉硬扯，动作要轻柔，防止因搬运不当加重伤势；伤病员尽量用救护车运送，可以使伤者平卧，减少运输途中的损伤。

22.给伤者通气

当意外创伤和急危重伤者出现呼吸困难或停止呼吸时，应争分夺秒进行抢救，排除呼吸道阻塞，开放气道并为人工呼吸做好准备。

通气法：扶起伤者头部，将其轻轻推至侧卧，清理伤者口腔中的食物、渣滓、流质等异物，开放气道。

3.7 餐厨垃圾运输的杭州模式

2014年4月，杭州推出餐厨垃圾运输试点项目。以下是对该试点项目的具体介绍。

1.杭州市餐厨垃圾分布状况

杭州市餐厨垃圾总产生量约为670吨/天，其中源自餐饮企业的占总量的61.68%，学校食堂的占总量的19.14%，企事业单位食堂的占总量的

19%。区域分布情况：西湖区与西湖景区总产生量约为 200 吨／天，下沙经济技术开发区约为 100 吨／天，下城区、江干区以及拱墅区的总产生量约为 200 吨／天，上城区与滨江区产生总量约为 100 吨／天。

2. 杭州市餐厨垃圾作业情况

杭州市一共有餐厨清运线路 29 条，每天需清运 1589 个作业点，作业时间集中在凌晨 4 点至上午 11 点和下午 4 点至晚 11 点，共配备 58 名作业人员，进行清运涉及整个杭州城区，其中上城区和下城区 870 个、江干区 157 个、西湖区 335 个、拱墅区 183 个、余杭区 40 个、下沙经济技术开发区 4 个。日清运 55 车次，每天的清运量约为 220 吨。

3. 杭州市餐厨垃圾车配备要求

配备安装有 GPS 设备、4G 摄像监控设备的餐厨垃圾清运车辆，实现清运车与总调度中心无缝对接。

配备车载称重系统与车辆提升装置结合，可实现对餐厨垃圾单桶称重计量。在挂桶作业过程中，称重系统可实现自动称重，重量数据可支持本地显示、打印，同时，称重数据可实时上传到后台管理系统。每辆餐厨垃圾车随车配备扫码设备，通过扫描用户二维码识别用户信息并上传，然后通过后台数据匹配处理，自动识别垃圾来源。

4. 杭州市餐厨垃圾运输工作步骤

（1）对作业点基础数据调查。运输工作开始前，对各个垃圾作业点、垃圾桶、清运时间等基础数据进行调查，确定作业点，并形成一份基础数据汇总表。

（2）对工作人员进行培训。对工作人员进行线路熟悉等上岗前的教育培训，确保基层作业人员按规作业到位。

（3）完成公告牌制作张贴工作。在各个垃圾置点设置公告牌，公布作业时间、集置点名称、监督电话及责任人。

（4）制定作业要求。

①应按规定的线路、时间、作业点进行收运，做到不漏点；

②作业时必须整齐穿戴工作服、防滑鞋；

③作业时按规定流程作业，做到文明作业、文明用语；

④作业时上下楼梯要小心轻放，做到不滴漏；

⑤作业时不能吸烟，不能大声喧哗；

⑥作业完毕后要做到人走地净，容器归位；

⑦严禁私自收费，"吃拿卡要"；

⑧严格按照车辆管理要求，维护好设施设备。

（5）总结调整。对运输路线进行跟踪，出现问题及时调整。

5. 杭州市餐厨垃圾运输作业目标

建立具有杭州特色的专业化、规范化、标准化、明确化的餐厨收运体系。

（1）收运队伍规范化。配备专业化清运队伍，推进餐厨垃圾统收统运模式。

（2）收运设备专业化。配置餐厨专用清运车辆，实现餐厨垃圾收运过程不落地、不暴露、不滴漏。

（3）收运作业标准化。合理化布设集置点，排定清运线路，明确集置清运时间和清运标准。实行六定清运管理，即定时、定点、定次、定人、定车、定向。

（4）责权利明确化。与各区城管局沟通明确，实行餐厨垃圾清运合同化管理，明确责、权、利，并按合同约定严格履行。

4 清洁直运信息系统

为使清洁直运工程的实施流程化、规范化、固定化，使企业员工的工作更有效率、更有意义（摆脱烦琐的低级劳动）、更专业，减少出错率，提升清洁直运的效率和效果，使操作者更清晰地了解直运情况，为操作者提供有力支持，我们引入了清洁直运信息系统，主要包括清洁直运调度系统、视频监控系统、数据采集管理系统和清运收集点管理系统。

下面以杭州为例，对各个系统进行讲解。

4.1 清洁直运调度系统

4.1.1 系统介绍

清洁直运调度系统考虑到清洁直运车辆管理需求及垃圾收送运输的特殊需求，在现有的移动网络技术的基础上，结合 GPS 技术、GIS 技术和计算机网络技术等，实现对车辆的有效监控调度，为管理部门的管理提供良好的管理平台；可有效提升杭州清洁直运车辆管控水平和企业的核心竞争力，有效降低物流运作成本、提高物流运作效率，提高公司信息化水平，并实现以下目标。

（1）采用基于移动通信技术、GPS 定位系统、GIS 技术和计算机网络等先进技术，可根据强大的地理数据功能来完善业务运营、车辆运营数据分析、挖掘，使工作人员及时掌握第一手综合车辆管理信息，合理调配人力、运力资源，求得最佳的收送路线，从而节约了成本；

（2）该系统容量为 1000 辆，可管理所有注册车辆；

（3）系统可实时监控注册车辆的位置、速度、油料等消耗变化，完成实际行驶里程统计，动态轨迹回放，行车数据采集如经纬度、速度、ACC

点火状态等多种实时数据及作业情况；

（4）根据道路交通状况或应急需要，可以实时对车辆发出调度指令，实现对车辆的远程管理，提高车辆运行效率，降低收送成本；

（5）为注册车辆的突发事件如报警、求援、故障、路障等提供服务，可将报警或求援信息等直接发送到监控中心，保障车辆运行的安全性和及时性；

（6）在保证系统安全的前提下，采用国际通用的系统规范和通讯传输协议，能比较方便地与其他系统的业务系统实现连接和数据共享。

4.1.2 系统主要结构

该系统是基于 CDMA 移动通信平台的 GPS 车辆定位系统构建，系统网络结构如图 4–1 所示。

系统由以下三部分组成：

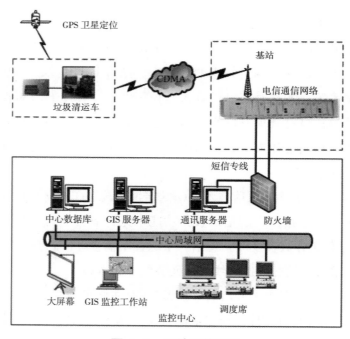

图 4–1　系统网络结构

（1）移动终端，其中装有 GPS 定位接收器、各种传感器、数据智能处理器和移动网络通信模块等；

（2）数字通信网络，建立连接调度中心机房与移动通信网络中心的专网，实现车辆定位数据和调度信息的双向传输；

（3）GIS 调度中心平台（以下简称"中心"），由具有智能化调度、管理、报警、监控、决策和大型电子地图的 GIS 功能的软件系统组成。

4.1.3 管理功能

1. 实时定位跟踪

卫星定位车载终端（以下简称"车载终端"）接收 GPS 定位信息并采集车辆状态信息，通过 CDMA（GPRS）向监控中心定时、定距、越区或点名上传数据，监控中心能随时掌握入网车辆的位置和运行轨迹。

管理人员可以通过监控中心平台对车辆进行实时监控，观察车辆所处位置，了解车辆当前的速度、行驶方向和状态等信息。系统可用图像实时显示车辆状态，显示车辆的行驶方向和实际车辆行驶方向一致，形象直观。系统可根据实际需要自行设定定位数据上传的间隔时间，也可以通过系统的点名功能，立即了解车辆的定位数据，定位精度在 10 米以内，如图 4-2 所示。

2. 快速查车

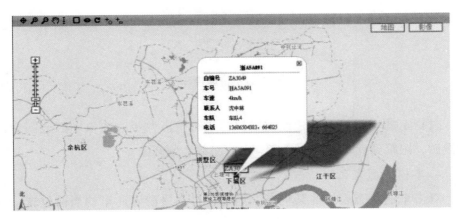

图 4-2　实时定位

车辆查询：点击"搜索"，操作员可以根据自编号、车队、车牌等关键词快速查车。程序自动在车辆状态表中选定并将选定的内容高亮显示。如图4-3 所示。

分组查询：车辆都以列表图形显示，双击某车辆即可定位到该车当前的位置。

3. 车辆重点监控

图 4-3 快速查车

对指定的车辆可以新建监控窗口，进行重点监控，窗口中的地图会自动漫游，跟踪到此车的当前位置，实时跟踪、刷新。

4. 车辆地图定位

双击车辆状态表中的某辆车，地图将自动漫游到此车的当前位置，并以圆圈包围指定的车，使操作员一目了然。如图4-4 所示。

5. 车辆运行轨迹回放

图 4-4　车辆定位

中心保存车辆的所有监控和报警数据，并可选择在任意时间查询任意车辆的轨迹回放数据。轨迹回放时可以选择回放速度、回放时间、是否显示轨迹等，并且支持拖放、快速播放、单步播放等。如图 4-5 所示。

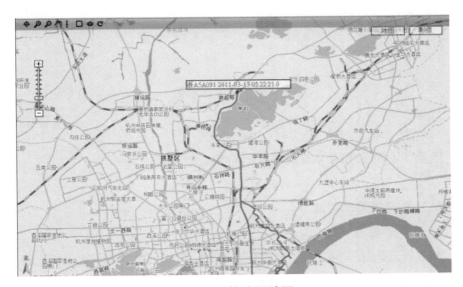

图 4-5　轨迹回放图

6. 调度与信息服务功能

系统具有通信功能。终端用户和中心可以进行语音通信和数据通信，系统可以对不同用户设置不同的通信权限。

监控中心可对任何入网车辆的单车、车组、车队进行单呼、组呼、群呼，调度车辆到指定地点；监控中心还可以将所需的调度命令转接给下属分中心，由分中心执行。

监控中心可以向指定的车辆或选定部分车辆发布通知，会议纪要，天气预报，道路、交通信息及其他信息。终端能以普通短信的形式在 LCD 屏上显示，并能通过 TTS 语音播报器自动播放消息，为驾驶员提供信息服务。如图 4-6 所示。

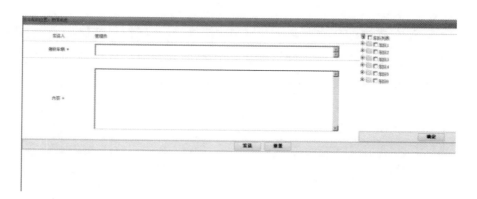

图 4-6　调度信息图

7. 远程升级

监控中心可远程对车载设备进行升级。

4.1.4　车辆管理功能

1. 业务管理

业务管理包括车辆入网、客户档案管理、车辆信息管理、司机信息管理、车辆监控管理平台坐席信息管理等。

（1）建立车辆信息数据库。车辆信息数据结构包括车辆单位、使用部门、车辆牌号、车辆类别、累计行驶里程。

（2）建立驾驶员信息数据库。驾驶员信息数据结构包括所属单位、服务部门、姓名、性别、驾驶证号、准驾证号、准驾车型、移动电话。

（3）具有中心权限管理功能。系统管理员及分监控中心可按设置的不同权限对车辆、驾驶员信息进行增加、删除、修改等维护。

2. 分析统计

（1）里程油耗统计。统计车辆在某时间段内的行车里程及油耗，可以任意选择查询的时间段（可按天、时、分、秒统计），也可打印统计报表。

（2）超速统计。统计车辆在某时间段内的速度及该段时间内的最高时速，可以任意选择查询的时间段（可按天、时、分、秒统计），也可打印统计报表，同时可以设置限速值。

（3）报表打印。所有查询的报表数据都可转换到 EXCEL 中，也可直接进行打印预览及打印。

3. 历史数据回放

（1）数据回放。选定某辆车在某月某日的行驶轨迹，回放几时几分的车辆状态，明确其走过的路线和行驶速度。

（2）数据下载。服务器实时保存所有车辆的 GPS 状态数据，可登录服务器下载指定车辆指定日期的历史数据再回放。

（3）回放控制。先下载要查看的车辆历史信息，再在回放控件中选择某天的数据，再双击要查看的某辆车，系统将会自动回放指定车辆的行驶轨迹；选中轨迹及跟踪，系统将自动定位跟踪该车辆并显示行驶轨迹。操作员可以加速或放慢回放速度，也可以暂停回放、继续回放或再次回放。

4. 报警安防

（1）超速报警。设定车辆行驶速度的极限，若车辆行驶的速度超速，系统将会弹出超速报警窗口，提示该车已超速。

（2）紧急报警（可选）。当车辆发生意外事件（交通事故、故障、医疗急救等）时，用户可以通过紧急求助按钮向监控中心发送紧急求助信息；系统自动接收并优先处理，使车辆处于被监控状态，从而保障人车安全。

（3）电源非法破坏报警。汽车主电源被人为损坏或断电时，用户可向中心发送电源非法破坏报警信息。

5. 系统管理

（1）终端初始化参数设置，包括车辆超速值、回报指向、中心服务电话号码等。

（2）日常统计包括系统日志（工作人员登录、退出）、管理员操作日志、业务员操作日志、车辆分类统计、用户分类统计等。

（3）系统基本参数设置包括费用参数、FTP参数、通信流量等。

6. 地图操纵控制

系统配备标准电子地图，并可放大，缩小，平移漫游，分层、多窗口显示。地名详细到乡镇，可查询并显示水系、公路、铁路、乡镇、街道、弄巷、机关单位、新闻机构、供水供电单位、通信部门、医院、学校、酒店、居民小区、旅游景点、公交车站、加油站等目标的位置及信息。

可使用大屏幕投影仪，无级可调。

（1）放大地图。可以点击工具条上的图标 ，矩形选定要放大的区域，系统自动放大选定的区域。

（2）缩小地图。可以点击工具条上的图标 ，矩形选定要缩小的区域，系统自动缩小区域。

（3）平移地图。可以点击工具条上的图标 ，在放大或缩小状态下移动地图，查看邻近区域的信息。

（4）距离测量。可以测量地图上任意两地之间的距离，点击鼠标左键测量两地间距，并双击鼠标左键完成距离测量。

（5）地图整合。该系统的数据接口可以与 Roadshow 平台完全整合，实现地图数据的共享。

（6）地图设置。操作员可以手动配置需查看的电子地图，并添加、删除、配置系统地图。

（7）编辑地图。

①特殊点编辑。特殊点的作用是标记地图上操作员所关注的地点。操

作员可以在软件上任意添加、移动或删除添加的临时标注，并自动保存添加到地图图层里。

②地图信息查找。操作员可以任意查找在地图上的镇或道路、企业名称、车辆服务网点和驻点等信息。

③模式设置。可设置地图显示模式，与他人互不干扰，可单独设置每个图层对象的颜色，注记字体的大小和颜色，还可以显示和隐藏某些图层。

（8）地名查找。提供道路及路口快速定位功能，操作员可依据道路名称进行图形快速定位；通过输入搜索的关键字和指定关键字所属的地区来搜索地名。可以只搜索乡镇或道路，也可以搜索全部添加的用户地名信息。如图 4-7 所示。

图 4-7　位置查询图

4.1.5　主要设备介绍

1.GPS

GPS 为星软的 XR 6088-GA10 B 车载终端。如图 4-8、图 4-9 所示。

图 4-8　XR 6088-GA10 B 车载终端图

图 4-9　XR 6088-GA10 B 车载终端图

（1）技术指标如表 4-1 所示：

表 4-1　技术指标表

项　目	XR 6088-GA10 B 参数
CPU	32 位 ARM 高性能微处理器
操作系统	内嵌 uC / OS_II V2.76
GPS 参数	50 通道
	重新捕获时间：＜ 2 秒
	热启动：10 秒；冷启动：35 秒
	速度分辨率：0.1 米 / 秒
	位置精度：10 米
	加速度限度：4g
	速度限制：515 千米 / 小时
	抗震性＞ 4G
通讯参数	CDMA / GSM / GPRS 900 / 1800 双模式
	Class B
	支持 UDP / TCP 协议

续　表

项　　目	XR 6088-GA10 B 参数
工作电压	9-60 VDC（直流），并能承受 100 V 的瞬间高压
工作电流	小于等于 150 毫安
平均功耗	小于 2 瓦
通讯天线接口	50 欧姆，SMA 接头
GPS 天线接口	50 欧姆，SMA 接头
后备电池	锂电池，支持 4 小时以上
接口	提供电源接口、串口、CAN 总线接口
工作环境温度	−40℃—70℃
相对湿度	<95%
外壳	铝合金工业级、防静电设计
主机尺寸	110mm × 75mm × 31mm
重量	240 克（不带电池）

（2）XR6088-GA10 B 系列终端的功能与特点

①采用 32 位 ARM 处理器高性能，主频 ≥ 200MHz；

②内嵌操作系统：uC/OS_II V2.76；

③采用移动通信，支持 TCP/UDP 协议；

④实时位置跟踪及查询：可将车辆位置信息，包括经度、纬度、方向、速度、时间等，按回传时间间隔及时回传到管理中心，也可按点名方式回传至当前位置；

⑤多种远程监控模式：回传时间间隔可以按照不同的车辆状态（如劫持警报、ACC 开、ACC 关等）分别设定，终端可以自动根据不同状态采取不同的时间间隔，如点名、定时、定距等。

⑥各种报警功能简述如下。

a. 超速报警：操作员可以通过终端设置程序设定，也可以通过监控中心远程设定超速值和持续的时间，在车辆超速时向司机和监控中心发出超速信号。

b. 疲劳报警：操作员可以通过终端设置程序设定，也可以通过监控中心远程设定超时行车时间值，在车辆超时行驶时向监控中心发出超时报告。

c. 超时停车报警：操作员可以通过终端设置程序设定，也可以通过监控中心远程设定超时停车时间值，在车辆超时停车时向监控中心发出超时报告。

d. 禁止驶入报警功能：操作员可以对车辆设定禁止行驶区域，在车辆进入界限时，系统自动提示、报警，并予以记录。

e. 越界报警：操作员可以对车辆设定一定区域，在车辆离开该区域时，系统自动提示、报警，并予以记录。

f. 偏离路线报警：操作员可以对车辆设定路线绑定，当车辆不按该绑定路线行驶时，系统自动提示、报警，并予以记录。

g. 紧急报警：驾驶司机按下紧急报警按钮时，系统自动弹出紧急报警信息，并予以记录。

⑦多种车辆状态信号接口输入：该系统具有 ACC 开关输入、门开关输入、报警按钮输入、超速报警输出、继电器控制输出、一组电源输出、二组对地输入等信息。

⑧参数设置与程序升级功能：操作员可以利用终端设置程序通过串口查询和设置终端参数，或者通过监控中心远程设置终端参数，终端的程序升级远程控制下载刷新，对终端进行维护和升级。

2. 调度屏

调度屏为星软的 XR 6088-D01 调度屏，如图 4-10 所示。

图 4-10　星软的 XR 6088-D01 调度屏

XR 6088-D01 系列调度屏具有如下功能：遥控拨号、免提通话、通话限制、车辆调度、语音调度、信息发布。

4.2 视频监控系统

杭州市环境集团有限公司作为城市的公用事业单位，它管理质量直接影响人民的正常生产生活和固废直运公司的社会效益。建立一个现代化的闭路电视监控系统，可以保证垃圾处理场的各生产环节安全、顺利及高效运行。

4.2.1 系统介绍

本系统根据杭州市环境集团有限公司中转站和厂区不同防范区域按照相应的防护要求，本着因地制宜、积极稳妥、注重实效、严格要求及保密的原则，着眼实际，为切实提高工作效率、创造安全环境，实现"以人为本、科技管理"的目标，而建设杭州市环境集团有限公司中转站和厂区视频监控系统。

为了强化企业对内部安保和监管，在垃圾处理场建立模拟视频和光端机传输相结合的监控系统。

本视频监控系统共分为三部分：厂区监控系统、中转站监控系统、监控中心。

（1）在中转站和厂区内部及其周边区域建设视频监控系统，通过传输系统传输到监控管理中心；

（2）通过技术防范手段，结合常规人防，将中转站和厂区处于密集的监控之中，使中转站和厂区安全防范由人力巡防向科技管理转变，及时消除安全隐患；

（3）使安保管理人员和领导能远程实时了解中转站和厂区道路、中转站和厂区周界、出入口等位置一线的情况，为管理提供真实可靠的依据，有利于危急事件的快速决策、判断和指挥处理；

（4）视频监控子系统，可以对违法犯罪分子的盗窃和破坏行为起到威慑作用，对入侵和破坏行为进行视频记录和保存；

（5）视频监控子系统，可以为中转站和厂区管理提供增值服务，通过翔实的视频资料，为领导决策提供依据。

4.2.2 系统监控点设置

垃圾处理场监控系统共71个点，其中一体化摄像机62个、云台摄像机7个、红外半球摄像机2个。拟采用模拟视频和光端机传输相互结合的架构摄像系统，前端视频、控制信号通过视频光端机传输至监控中心、监控中心计算机服务器和DLP大屏显示、记录。门卫室、经理室、领导办公室等可以根据不同的权限分别查看监控图像。如表4-2所示。

5个中转站，每个中转站安装3台一体化摄像机，共15个红外一体化摄像机，通过电信VPN网络传输到中心控制室。

安保系统将前端模拟监控与数字传输录像相结合，主监控中心设置在行政大楼一楼东侧101室，在控制中心可通过视频综合平台系统方便地实现云台、变焦、历史记录、变化报警等操作。在控制中心的监视计算机，可同时或切换显示CCTV监视画面，以及整个垃圾处理场各工作区域运行监控画面。

表 4-2　监控点位布置表

区域	序号	位置	监控范围要求	设备要求及数量	其他/备注
办公管理区	1	行政楼楼顶	大门外空地及进出口	1个	整合原有设备（带云台）
	2	食堂楼顶	车棚围墙及内部道路	1个	整合原有设备
	3	锅炉房楼顶	锅炉房前通道	1个	整合原有设备
	4	浴室前区域	浴室前区域	1个红外一体摄像机	
	5	抢险中心外墙	车间大门和停车场	4个红外一体摄像机	
	6	抢险中心车间内	作业情况	2个红外一体摄像机	
	7	二道岗楼顶	科研楼及食堂前人员	1个红外一体摄像机	
	8	科研楼各层楼梯口	人员活动	3个红外一体摄像机	
	9	调度室楼顶	行政楼正门主通道	1个红外一体摄像机	
	10	行政楼各层楼道	人员进出	5个红外一体摄像机	可看到每间办公室人员进出情况
	11	行政楼三楼会议室	会议室	1个	红外半球
	12	行政楼四楼会议室	会议室	1个	整合原有设备（红外半球）
	13	行政楼五楼多功能厅	多功能厅	1个	带云台摄像头
	14	行政楼六楼会议室	会议室	1个	带云台
	15	三楼档案室	人员进出	2个红外一体摄像机	

区域	序号	位置	监控范围要求	设备要求及数量	其他/备注
生产作业区	1	三个地磅房	进出车辆	3个红外一体摄像机	
	2	冲洗站	冲洗站	4个红外一体摄像机	一车道1个（距离控制室约1千米）
	3	污水调蓄池	调蓄池工作平台	1个红外一体摄像机	36倍带云台，可看调蓄池全局，满足200米监控距离要求。（距离控制室约1千米）
	4	污水加药间上方	脱泥车间前场地	1个	整合原有设备
	5	污水厂办公室楼顶	污水场南门进出情况	1个	整合原有设备
	6	污水厂北角	北端围墙及北侧通道	1个红外一体摄像机	（距离控制室约700米）
	7	90米修理车间（教育基地）	停车场区域	4个红外一体摄像机	距离控制室约2千米
			车间内	2个红外一体摄像机	
	8	参观平台140米	库区作业平台	1个红外一体摄像机	36倍带云台，可看库区全局情况，满足1千米监控距离要求。（距离控制室约2.5千米）
	9	生态公园165米	库区作业	1个红外一体摄像机	36倍带云台，可看库区全局情况，满足1千米监控距离要求。（距离控制室约3千米）
	10	一、二埋流量计	人员活动	1个红外一体摄像机	（距离控制室约1千米）

续表

区域	序号	位置	监控范围要求	设备要求及数量	其他/备注
生产作业区	11	沼气发电厂	整个厂区监控	1个带云台摄像机	厂区出入口、车间运行状况。（距离控制室约1.2千米）
			车间生产情况	3个红外一体摄像机	
	12	黄龙坞临时停车场	整个停车场	4个红外一体摄像机	出入口、停车场周边情况
	13	南区块临时停车场	整个停车场	4个红外一体摄像机	出入口、停车场周边情况
	14	餐厨厂、瓶组站	餐厨公司厂房内外	6个红外一体摄像机	厂区出入口、车间运行状况。（距离控制室约1千米）
	15	参观平台	人员活动	1个红外一体摄像机	（距离控制室约2.5千米）
道路	1	高架下出入口	出入口车辆、人员	2个红外一体摄像机	（距离控制室约300米）
	2	地磅房前三岔口	出入紧急停车场车辆	1个红外一体摄像机	（距离控制室约700米）
	3	冲洗站前三岔口	进出一、二埋场车辆	1个红外一体摄像机	（距离控制室约800米）
	4	餐厨公司三岔口	进出污水、餐厨厂车辆	1个	整合原有设备
	5	管理区东大门及支路	污水厂前三岔口及东门	1个红外一体摄像机	（距离控制室约600米）
场外	1	城区各中转站	中转站监控	3个红外一体摄像机	共5×3=15（个）

4.2.3 系统主要组成

该视频监控系统都由前端子系统、传输子系统、存储子系统、显示子系统和控制子系统组成。

该系统是一套具有开放性、先进性、可靠性、经济性的模拟和数字结合的视频监控系统。

厂区采用视频光端机传输，中转站采用网络传输。采用"数模结合视频监控"能大幅简化系统设计难度，整套系统层次清晰明了，如图4-11所示。

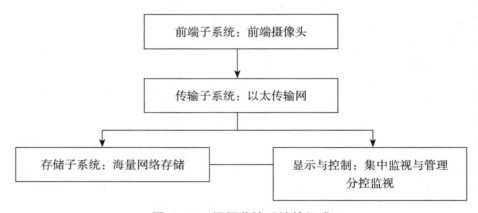

图 4-11　视频监控系统的组成

1. 前端子系统

即广泛分布在中转站和厂区各个监控点的摄像头及辅材，室外监控点还包括立杆、防雷、接地等。

（1）前端子系统组成

每个前端系统的设计与施工都由前端摄像机、UPS集中供电电源组成。前端系统具有防尘、防盐雾、防锈蚀、防变形的功能。摄像头的工作温度范围为 –10℃—60℃，湿度为 30%—80%，电磁干扰 ≤ 120dB。

（2）各区域前端系统介绍

①厂区前端系统。厂区道路、作业及行政管理处选用的是红外一体摄像机，该摄像头 480 TVL（彩色）、540 TVL（黑白），最低照度彩色 0.1Lux/

F1.2，0Lux With IR，具有自动彩转黑功能，可昼夜监控；具有自动白平衡功能，色彩还原度高，图像逼真，外壳具有 IP 66 级防水功能，可靠性高。

厂区至库区作业平台选用的是 36 倍光学变焦的智能高速球型摄像头。该摄像头 480 TVL（彩色）、520 TVL（黑白），最低照度 1.4Lux/F1.4（彩色），0.01Lux/F1.4（黑白）；焦距 3.4—122.4 毫米；水平键控速度：0.2°—75°/秒，速度可设；水平预置点速度：75°/秒；垂直键控速度：0.2°—50°/秒，速度可设；垂直预置点速度：50°/秒；预置点个数为 104 个。

本系统设备选用的是 36 倍镜头，镜头焦距 3.4—122.4 毫米，近摄距为 10—1500 毫米，可以实现监控点至库区作业平台 1km 监控距离室外球机的监视。

②中转站前端系统。中转站选用的是红外一体摄像头，该摄像头 480 TVL（彩色）、540 TVL（黑白），最低照度彩色 0.1Lux/F1.2，0Lux With IR，支持自动彩转黑功能，实现昼夜监控；支持自动白平衡功能，色彩还原度高，图像逼真，外壳符合 IP 66 级防水设计，可靠性高。

2. 传输子系统

传输子系统即部署在中转站和厂区内部的监控网，厂区监控前端摄像头采用光端机通过光纤网络传输至监控中心，中转站采用前端编码存储通过以太网络传输至监控中心。

（1）中转站传输子系统

前端摄像头信号通过同轴电缆传输至就近的硬盘录像头，水平电源线采用塑料护套电缆，控制线采用带屏蔽的塑料护套线。

硬盘录像头通过自带的 RJ45 口，通过以太网络将视频信息传输至监控中，实现实时监控。

（2）厂区传输子系统

采用视频光端机的方式。将前端模拟视频信号转为光信号，通过裸光纤传输到监控中心，进行集中编码存储，实现实时监控。

3. 存储子系统

存储系统采用中转站本地分散式存储和厂区监控中心集中式备份存储的方式，即部署在中转站的本地硬盘录像机进行分散式存储；杭州市环境集团有限公司厂区监控采用管理中心集中存储的方式，存储时间均为60天，由于采用集中存储模式，将由若干台磁盘阵列构成存储网络，给前端子系统提供存储服务，并为监控中心和分控客户端提供资料检索与回放服务。

（1）中转站监控本地存储

监控资料存储系统的空间需求和监控系统的实际和使用有着直接的关系，需求的存储空间大小可以通过计算公式直接计算出来，以2Mbps单路视频图像码流进行存储，视频图像分辨率可达4CIF效果PAL，25帧，计算图像存储容量，可以计算出：

2M比特/秒 ÷8（8bit=1B）=0.25MB/秒

每路摄像机每小时容量＝3600秒 ×0.25MB/秒＝900MB

每路摄像机一天24小时容量＝24小时 ×900MB/小时 ÷1024=21.1GB

每个中转站安装3路摄像机，40天的CIF分辨率存储容量约为：

21.1GB/天 ×3×40天/1024 ＝ 2.4TB

本系统中转站选用硬盘录像机，配置了3块1TB的硬盘，完全可以满足40天的存储要求。

（2）厂区监控中心存储

厂区监控点采用中心集中式存储架构，在监控中心通过磁盘阵列对所有监控点上传的图像进行统一集中存储，全天24小时实时录像，录像保存时间由具体需求决定。

通过合理的存储策略保存近期的全实时图像以及事件录像，对其他录像数据做删帧处理，仅保留关键帧。磁盘阵列支持多种RAID级别，具备磁盘损坏恢复功能，避免因磁盘损坏导致录像文件丢失。

设计以高密度24盘位磁盘阵列DS-A1024R，来接收硬盘录像机传输至监控中心的数字化视频数据，所有前端视频图像实现60天的录像资料存储。

主控中心存储容量计算主控中心 71 路摄像机 40 天的 D1 分辨率存储容量约为：

21.1GB/ 天 $\times 71 \times 40$ 天 $/1024 = 58.5TB$

磁盘的格式化损耗约为 10%，加上 raid 5 对硬盘的消耗约为 13%，所以实际硬盘存储空间需要数量为 74TB，本系统选用磁盘阵列系统 1 台，配置了 24 块 1TB 的硬盘，可以满足 40 天的存储要求。

4. 显示与控制子系统

显示与控制子系统即部署在杭州市环境集团有限公司主控中心的解码、显示设备和控制设备，具体包括显示设备及电视墙、视频综合平台、控制键盘及控制台等。工作人员可借助本系统完成监视与控制功能。

通过运行监控软件平台客户端软件的方式进行控制分控中心，实现对辖区前端系统的授权分控管理；实现辖区内监控视频图像的浏览、回放，处理辖区内的紧急报警事件。

分控中心的管理功能需要主控中心直接授权。

4.2.4 系统拓扑结构

拓扑结构就是文件服务器、工作站和电缆等的连接形式。现在最主要的拓扑结构有总线型拓扑、星形拓扑、环形拓扑、树形拓扑（由总线型演变而来）及它们的混合型。顾名思义，总线型其实就是将文件服务器和工作站都连在称为总线的一条公共电缆上，且总线两端必须有终结器；星形拓扑则是以一台设备作为中央连接点，各工作站都与它直接相连形成星形；环形拓扑就是将所有站点彼此串行连接，像链子一样构成一个环形回路；把这三种最基本的拓扑结构混合起来就是混合型。图 4–12 为杭州市环境集团有限公司视频监控系统监控设备组网拓扑示意图。

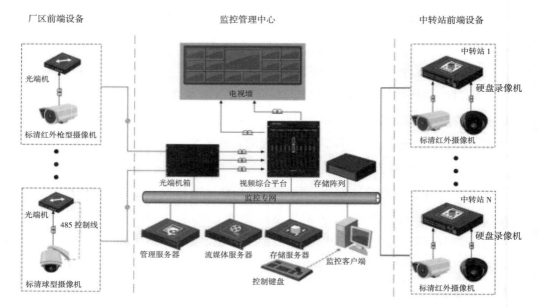

图 4-12 视频监控系统监控设备组网拓扑示意图

1. 厂区各监控点

采用模拟前端接入光端机，通过光纤传输至监控中心光端机箱。

光端机输出模拟视频信号，进入视频综合平台编码板卡进行编码。

视频综合平台将编码后的视频流通过以太网络输出进入存储阵列保存。

通过控制键盘可以任意切换前端视频画面，通过视频综合平台输出板卡上墙显示。

2. 中转站

各监控点采用模拟前端就近接入硬盘录像机，通过以太网络传输至监控中心。

模拟前端将捕获的视频信息，通过视频线传输至硬盘录像机进行编码存储，录像存储保存在前端。

前端硬盘录像机和监控中心视频综合平台通过以太网络互联，通过控制键盘可以将前端视频画面通过视频综合平台输出板卡上墙显示。

承载监控平台软件的各种应用服务器部署在监控中心机房，直接与核心交换机相连，具体包括：管理服务器、流媒体服务器、存储服务器和网络磁盘阵列。

4.2.5 系统功能

全天候监控功能：通过中转站和厂区内安装的全天候监控设备，全天候 24 小时成像，实时监控中转站和厂区安全状况。

昼夜成像功能：部分监控点位采用红外一体摄像头，能在夜里光照强度为零的情况下实现清晰画面监控。

前端设备控制功能：具有手动控制镜头的变倍、聚焦等操作，可以对目标细致观察和抓拍。

集中管理指挥功能：在指挥中心采用视频综合管理软件，实现对各监控点多画面实时监控、录像、控制、报警处理和权限分配。

回放查询功能：有突发事件时，可以及时调看现场画面，并进行实时录像，记录事件发生时间、地点，及时报警联动相关部门和人员进行处理，事后可对事件发生视频资料进行查询分析。

电子地图功能：系统软件多级电子地图，可以中转站和厂区各大楼、各楼层的平面电子地图以可视化方式呈现每一个监控点的安装位置、报警点位置、设备状态等，利于操作员方便快捷地调用视频图像。

设备状态监测功能：软件平台能实时监测它们的运行状态，对工作异常的设备可发出报警信号。

4.2.6 应用软件功能介绍

1. 软件介绍

该软件是一套定位在监控专网环境中使用的网络集中监控软件，以分布式系统设计理念为基础，从监控业务中抽象出各功能模块，各司其职、相对独立，之间的信令交互而构成一个有机的整体。网络视频监控系统具有前端接入、网络存储、网络接处警、监控中心图像呈现与控制和集中管理的功能。

将各服务模块组合使用，从而构成多级视频监控系统，结构如图 4-13 所示。

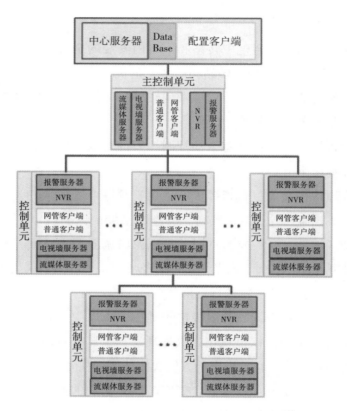

图 4-13　多级视频监控系统结构示意图

2. 关键业务流程

杭州市环境集团有限公司视频监控系统（联网集中监控部分），按安防规范分为采集部分（网络摄像机）、传输部分（光纤收发器、IP 监控专网）、存储部分（存储模块）、视频综合平台系统。

在本软件设备，采集部分有彩色固定红外摄像机、室外快速球，传输部分包括光纤收发器和 IP 网络，存储部分为网络磁盘阵列，编解码及切换控制部分为视频综合平台，管理部分为软件平台（各承载服务器）。

各部分因信令交互构成一套有机整体，在网络上合理部署服务模块，优化信令（数据流）流程，使监控系统更好地运作，整体效能得以最大限度的发挥。系统关键业务流程如图 4-14 所示。

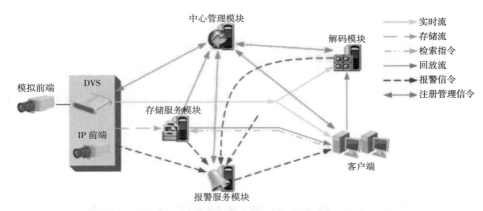

图 4-14　系统关键业务流程图

系统关键业务流程包含以下几类信令、数据交互。

（1）注册、管理、控制信令

其包含注册信令、管理信令和配置信令。前端设备和服务模块都注册到中心管理模块上，接受中心服务模块的统一管理和资源调度。

统一管理是指只有在中心管理模块上注册成功的组件才能使用，只开放视频服务器的接入管理和后端用户的权限管理。

资源调度是指对存储服务、实时数据等的调度。

（2）实时流（预览）

视频服务器的实时视频送给 1 个（或多个）客户端解码显示在 PC 显示屏，亦可送给解码服务模块解码输出到电视墙显示。视频服务器支持双码流技术，可将存储流和实时流分离，多个用户同时访问同一路视频时，会自动调整至访问子码流以降低网络传输压力。

（3）存储流

视频服务器根据录像计划将视频流写入存储服务模块。存储系统能够保证录像过程的高效、稳定、可靠。

（4）检索指令、回放流

客户端向存储服务模块发起录像检索请求，后者从存储介质中检索出指定录像，并返回给客户端解码显示，客户端也可将回放流推给电视墙服务模块解码上墙回放。

（5）报警信令

IO报警、视频丢失报警、遮蔽报警、移动侦测报警、智能分析报警、设备运行状态报警都将上传到报警服务模块，由它判断报警归宿和报警优先级，将报警信息转发给合理的客户端去处理。

3. 中心服务模块

中心服务模块的软件界面如图4-15所示。

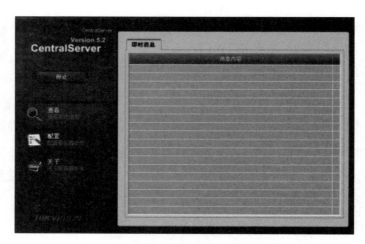

图4-15　中心服务模块的软件界面

中心服务模块担当系统管理的角色，具有以下功能：

（1）设备与服务注册管理功能

记录设备和服务模块的信息。设备包括IP前端、DVS、DVR、Hybrid DVR，服务模块包括流媒体服务、存储服务、电视墙服务、报警服务。

（2）客户端信息管理功能

记录配置客户端、操作客户端的信息，包括用户名、密码和用户权限（系统资源），在客户端访问监控系统前执行登录验证功能。

（3）NTP 全网校时功能

对监控专网内全部设备起用 NTP 校时服务，保持全部设备时间统一。可由操作员发起手动校时或中心服务器启用定时自动校时功能。

（4）自动切换备份存储设备功能

为了确保录像数据存储的可靠性，当中心服务模块发现存储服务器出现损坏、掉线、宕机等异常情况时，会将存储服务自动切换到备用存储服务器上，维系存储服务的正常运转。

（5）手机网关服务功能

中心服务模块自带手机网关服务功能，手机客户端能登录使用监控系统使用权限范围内的监控资源，也支持关闭手机网关服务。

（6）内置 Web Server 服务功能

中心服务模块内置 Web Server 服务功能，维护员可通过 IE 浏览器登录管理页面完成配置维护工作，也支持关闭 Web Server 服务。

4. 存储服务模块

存储服务模块担当管理集中存储的角色，具有以下功能。

（1）磁盘分组管理功能

自动获取可用磁盘分区，包括本地磁盘和网络映射盘，用户可将各磁盘分区指定到不同的磁盘分组。用户可利用磁盘分区大小来控制循环录像保存的时间。

（2）预分配技术

对磁盘执行格式化和预分配功能，确保未来使用中不产生磁盘碎片，磁盘不会因为长期运行而导致工作效率降低。

（3）受损分区修复技术

存储服务器因掉电或系统被恶意重启导致磁盘分区（索引文件）遭受破坏时，存储服务器重启后，将对受损分区自动执行修复操作，确保存储服务器继续正常工作。

（4）主动更新录像计划

存储服务器会自动从中心数据库获取最新的录像计划并执行，接受配置客户端实时更新录像计划。

支持定时录像计划、移动侦测报警录像计划、报警录像计划，并提供预录功能。

（5）自动重连机制

因网络异常或设备重启导致丢失与视频源的连接，存储服务器将持续执行重连操作，侦测视频源是否上线，直到恢复连接为止，继续执行录像计划。

（6）自动接续存储服务

当存储服务器遭遇掉电或恶意重启后，重启自动修复受损分区并恢复录像服务。若存储服务器受损严重，系统会将报警信息自动上报中心，发出报警信息提示工作人员排障，并给出排障的参考信息。异常信息保存在本地日志文件中。

（7）故障自调整功能

存储服务器出现程序崩溃、异常退出等情况时，将自动重启以确保存储服务正常工作。

（8）VOD点播服务

为客户端提供录像检索、点播服务，支持按录像起止时间、录像类型检索录像文件，播放历史数据。支持播放过程中按时间定位功能，用户可快速跳转到某时间点的录像。

（9）录像片段锁定功能

支持用户对重要录像数据执行加锁功能，防止执行循环录像时重要录像数据被覆盖。当录像数据被下载备份以后，可对其执行解锁功能，释放存储空间。

（10）数据补录功能

当存储服务器和备份存储服务器均失效或网络故障以后，IP前端将数据缓存在本地 SD 卡内，DVS 将数据缓存在本地磁盘内，当存储服务器或网络恢复工作以后，将缓存的数据自动补传至存储服务器挂载的磁盘内，保证录像文件的完整性。

（11）S.M.A.R.T 检测

存储服务器对挂载的磁盘执行 S.M.A.R.T 检测操作，当发现磁盘工作不正常或寿命将近时，系统会主动将报警信息上报中心，提醒工作人员更换硬盘。

5. 流媒体服务模块

流媒体服务模块的软件界面如图 4-16 所示。

图 4-16　流媒体服务模块的软件界面

流媒体服务模块担当数据流转发的角色，具有以下功能。

（1）实时流转发功能

将客户端请求的实时流转发给客户端查看，若请求的实时流已经被流媒体服务器获取，将执行复制分发工作，若请求的实时流未被流媒体服务器获取，将执行连接获取再转发的工作。

（2）连接情况统计功能

能统计流媒体服务器的进出码流数，每个通道码流转发路数、客户端的请求路数以及实时流丢包率和延时。

（3）故障自调整功能

流媒体服务器出现程序崩溃、异常退出等情况时，将自动重启以确保存储服务正常工作。

（4）异常信息主动上报

流媒体服务器可将自身遇见的实时流断流等异常信息上报中心，提醒管理员检查断流原因。异常信息记录在本地日志文件中。

6. 电视墙服务模块

电视墙服务模块的软件界面如图 4-17 所示。

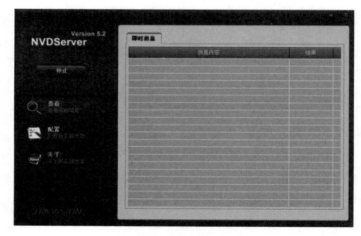

图 4-17　电视墙服务模块的软件界面

电视墙服务模块担当管理电视墙显示的角色，具有以下功能。

（1）远程修改显示参数

客户端可远程修改解码分辨率（CIF 或 4 CIF）、输出制式（PAL 或 NTSC）、输出通道数、索引号显示和画面分割方式。索引号可帮助客户端控制切换操作，支持 1：4、9：16 等画面分割方式。

客户端能实时获取电视墙服务器的运行状态，显示通道是否有输出、画面分割类型、分割区域是否解码及是否有音频输出等内容。

（2）远程切换上墙操作

客户端能任意指定某一路视频源（含音频）显示在任意显示通道的画面分割区域中，电视墙服务器支持直连设备及从流媒体服务器获取数据流。客户端也可远程停止某一路视频源的解码显示。

（3）主动轮巡解码输出

电视墙服务器将按照预先配置好的轮巡计划进行轮巡解码输出，能实现单画面按序列轮巡、单画面多分割按组轮巡、多画面按序列轮巡和多画面多分割按组轮巡，抑或仅在部分监视器轮巡，灵活的轮巡策略可帮助用户提高监控有效性。

（4）实时流解码记忆功能

电视墙服务器将保存最后一次解码上墙显示的命令，重启以后能自动获取相应的实时流进行解码上墙操作。

（5）实时操控功能

对电视墙上显示的图像，可直接对具有 PTZ 功能的前端设备进行操控，使其完成 8 个方向的移动、变焦、聚焦等动作。

（6）录像回放上墙显示

能解码录像视频流（含音频）在电视墙上显示，可指定在某个显示通道的画面分割区域内呈现，在录像上墙回放过程中可调节解码速度，支持按 1/8 倍速、1/4 倍速、1/2 倍速、正常播放、2 倍速、4 倍速、8 倍速、最大倍速等 8 个速度进行播放。

（7）故障自调整功能

电视墙服务器出现程序崩溃、异常退出等情况时，将自动重启以确保解码服务正常工作。

（8）异常信息主动上报

电视墙服务器可将自身遇见的实时流断流等异常信息上报中心，提醒管理员检查断流原因。异常信息记录在本地日志文件中。

7.报警服务模块

报警服务模块担当管理报警信息的角色，具有以下功能。

（1）巡检与故障提醒功能

中心服务器将周期性地监测设备和服务模块的工作情况，对设备采用巡检的方式，通过发起多线程巡检手段，确保从设备故障到中心发现故障的时间不超过××分钟，对服务模块采用保持心跳的方式，每隔××分钟验证一次心跳信息。中心发现设备故障以后，将自动通知设备所属监控中心的客户端，发出报警信息提示工作人员排障，并给出排障的参考信息。

（2）报警信息接收与转发功能

接收来自前端设备和服务器的各类报警信息，并将报警信息转发给相应的客户端进行处理。

来自前端设备的报警信息有两类：一类是前端设备工作异常或掉线，报警服务器将显示报警状态、转发给客户端、联动声音提示和邮件通知；另一类是部署在前端设备的报警信息，如IO报警、视频丢失报警、遮蔽报警、移动侦测报警、智能分析报警等。报警服务器将显示报警状态、转发给客户端并产生一系列预设的联动操作，如联动启动录像、联动调用预置点、联动本地和中心报警输出、联动发送E-mail等。

来自服务器的报警信息与上述第一类相同，服务器工作异常或掉线，报警服务器将显示报警状态转发给客户端等。

（3）报警布防重连

可以处理网络不稳定或设备不稳定，报警布防失效的情况下，保证在网络或设备恢复正常后5秒内恢复报警布防状态。

（4）报警日志记录功能

将接收的报警信息写入中心数据库，用户可根据时间或报警类型查询报警日志，提供日志打印功能。报警服务器将自身运行的异常信息记录在本地日志中，可保存365天。

（5）实时显示报警状态

能实时显示所有前端设备和服务器的工作状态，包括服务是否正常、网络是否正常等。

（6）故障自调整功能

报警服务器出现程序崩溃、异常退出等情况时，将自动重启以确保报警服务正常工作。

8. 配置客户端模块

配置客户端模块的软件界面如图4-18所示。

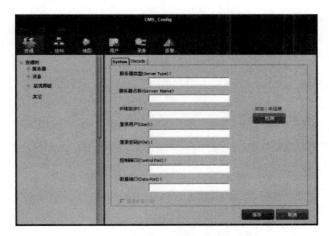

图4-18　配置客户端模块的软件界面

配置客户端模块担当配置系统的角色，配置以下几大块参数，如图4-19所示。

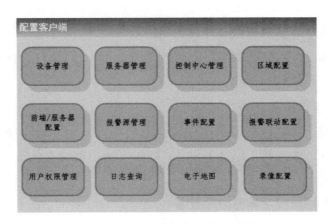

图4-19　配置客户端主要参数

配置信息交互过程如图 4-20 所示。

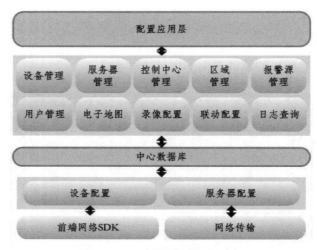

图 4-20　配置信息交互过程

配置客户端需配置如下信息。

（1）角色、用户类

可以添加（含修改、删除）不同角色，并赋予不同的操作权限，比如管理员用户、高级用户、普通用户等。权限可细化至通道级别，具有预览权限、云台控制权限、录像权限、回放权限、报警处理权限、电视墙控制权限、服务器状态监视权限、外设控制权限等。

可以添加、修改和删除用户（含密码），为不同用户分配所属角色、级别和监控中心级别。

（2）前端设备类

可以通过 SADP 自动搜索网内在线的前端设备，并进行注册添加，以不同颜色区分已添加和未添加的设备，同时支持手动键入设备编号、名称、IP 地址、端口号、设备型号、用户名、密码等信息添加设备，多用于不在线设备；也支持修改、删除前端设备。

支持利用 SADP 或手动方式批量添加前端设备。

支持远程修改前端设备参数、对单台前端设备升级或批量升级。

（3）控制单元、区域类

控制单元对应现实中分级的监控中心，支持添加、修改和删除控制单元，可为控制单元配置 CCTV 监控键盘、存储服务、报警服务。

支持添加、修改和删除区域，可为区域配置流媒体服务、添加监控点，以区域的概念来管理监控点。

（4）存储服务类

可添加、修改、删除存储服务器（支持 SADP 搜索），支持远程启动、停止存储服务，可远程配置存储服务器的参数（预录时间和延时录像时间）。

可自定义多达 10 个存储计划模板，可为每个模板添加、修改、删除自定义的特殊日。

可添加、删除备份存储服务器组，可将备份存储服务器组与工作存储服务器关联。

可借助存储计划模板为监控点配置录像计划，支持批量配置。

（5）解码显示类

可添加、修改、删除解码器、电视墙服务器和监视屏组。

可远程启、停电视墙服务器，可远程配置电视墙服务器参数。

可编辑监视屏组的尺寸、布局位置和对齐方式。

（6）流媒体类

可添加、修改、删除流媒体服务器。

可验证流媒体服务器是否通过网络测试，检查其工作是否正常。

（7）报警类

可添加、修改、删除报警服务器。

可验证报警服务器是否通过网络测试，检查其工作是否正常。

可添加、修改、删除组合报警事件和智能报警事件。组合报警事件是指无视频信号、移动侦测、硬盘错等，智能报警事件是指跨线、闯入区域等。

可配置多达 10 个布防时间模板，以半小时为单位，按天设置，一周为一个循环。支持添加、修改、删除特殊日。

可为每个报警源的每个报警事件配置布防时间，既可独立配置，也可直接利用模板，支持批量配置。

可为每个报警源的每个报警事件设置报警级别，包括低、较低、中、较高、高共 5 个等级。

可为每个报警源的每个报警事件设置联动方式，包括弹出图像、监视屏上显示、播放声音、调用 PTZ 预置点、启动录像、发送 E-mail、电子地图闪烁、开关量报警输出、叠加字符或手动干预等，并支持将联动方式复制给其他报警事件。

（8）电子地图类

可添加、修改、删除电子地图，支持同时显示局部放大或下级电子地图，或利用关联标记进入关联图。

可在电子地图上添加、编辑、删除监控点，可为每个监控点键入备注信息，文字颜色可调，可调整监控点图标的位置、镜头方向及视角范围，调整操作可直接拖动鼠标完成。

可在电子地图上添加、编辑、删除报警点，可为每个报警点键入备注信息，文字颜色可调，可调整报警点图标的位置，调整操作可直接拖动鼠标完成。可为每个报警点配置报警输出（含备注信息），文字颜色可调，报警输出图标拖放至现实位置。

可在电子地图上添加、删除标记点，用于对一些关键事物的标记，标记点的图标和名称可自定义。

可在电子地图上利用关键字快速查找监控点、报警点、标记点。

9. 操作客户端模块

操作客户端模块的软件界面，如图 4-21 所示。

图 4-21　操作客户端模块的软件界面

操作客户端模块担当操控系统的角色，可操控以下几大块功能，如图 4-22 所示。

图 4-22　控制中心

操作客户端可执行以下功能。

（1）登录验证类

操作客户端在使用系统以前需要进行登录验证，通过登录验证以后才可使用监控系统。为方便用户使用，中心服务器地址、用户名和密码可被记忆，甚至选择自动登录，但不推荐在公用计算机上使用该功能，请保证监控系统的信息安全性。

要求用户在第一次登录以后修改密码。

登录系统后，将自动获取权限范围内的监控资源，且只能执行权限范围内的操作，如图4-23所示。

图4-23　登录系统界面

（2）播放视图类

可配置播放视图，包括名称、编号、画面分割模式及播放窗口的参数。播放窗口类型包括预览（含轮巡）、回放、电子地图、报警弹出图像，这4种播放形式可处于同一屏幕下。

画面分割模式包括 $1 \times 1.2 \times 2.3 \times 3.4 \times 4.5 \times 5$ 及某些窗口突出显示形成的分割模式。

播放窗口（预览）支持配置实时图像显示长宽比例（4：3或16：9或自适应）、是否起用及时回放、是否在电视墙同步显示等。若启用轮巡模式，还可配置轮巡的监控点组、播放顺序和轮巡间隔。

播放窗口（回放）支持配置录像图像显示长宽比例（4：3或16：9或自适应）、是否在电视墙同步显示等，支持动态切换监控点。

播放窗口（电子地图）支持从电子地图模块选择一幅地图显示。

播放窗口（报警弹出图像）支持配置报警弹出图像类型、图像显示长宽比例（4：3或16：9或自适应）、是否起用及时回放、是否在电视墙同步显示等。

（3）预览类

可将树状图上的监控点拖拽到预览窗口播放，可打开/关闭画面对应的声音，可调节音量大小，对非复合流或声卡故障进行提示。

可对预览画面进行抓图和连续抓图，保存格式为BMP或JPG，可配置连续抓图的间隔和单次数量，本地存储空间不够时（小于200M）会发送提示信息。

可对预览画面执行本地录像，可配置本地录像文件的保存路径和录像打包类型（按文件或按时间），本地存储空间不够时（小于200M）会发送提示信息。

可对正在预览的图像执行倒退30秒内的即时录像回放。

可通过云台控制界面对前端球机①或云台执行上、下、左、右、左上、左下、右上、右下8个方向控制操作，预置点调用、预置点复位操作，巡航、轨迹调用操作，打开灯光和雨刷。

可通过鼠标直接在预览画面上执行云台操作，包括上、下、左、右、左上、左下、右上、右下8个方向控制操作，变焦操作及局部缩放操作。

可对预览画面的视频参数进行调节，包括画面的亮度、色度、对比度和饱和度。

可添加、修改、删除预览图像质量方案，包括源数据缓冲大小（11挡）、解码数据缓冲大小（11挡）、播放性能（是否丢非关键帧）与图像质量（2挡）。

可配置图像品质全局管理方案，支持按CPU切换或按内存切换。

（4）回放类

可将树状图上的监控点拖拽到回放窗口播放，可打开或关闭画面对应的声音，可调节音量大小，对非复合流或声卡故障进行提示。

---

①球机：即球型摄像机。

可将正在回放的图像保存在本地，支持剪接保存。当磁盘空间小于500M 时发出提示信息，当磁盘空间小于 200M 时停止本地保存。

可对正在回放的图像进行抓图和连续抓图，保存格式为 BMP 或 JPG，可配置连续抓图的间隔和单次数量，本地存储空间不够时（小于 200M）会发送提示信息。

可支持最大 16 路图像同步回放，画面分割模式包括 1*1.2*2.3*3.4*4.5*5及某些窗口突出显示形成的分割模式。

录像播放过程与时间条对应，且时间条上有触发录像事件的标注，用户可利用"上一事件"或"下一事件"来跳过无用的录像文件。

可在播放过程中对存储服务器上的某段录像文件加锁，该段录像将不能被覆盖或删除，加锁文件最多占文件总量的 20%。

可在播放过程中对关键点添加标签（含内容），以便用户下次能快速找到。

支持用户直接输入精确时间点来回放录像，也可拖动播放条来任意定位播放点。

支持在回放过程中对画面进行电子缩放功能，支持对某段录像文件生成 10 个快照供以后快速定位。

支持在回放过程中对画面进行智能分析，并生成智能分析事件。

（5）日志类

可按日志类型（操作日志／报警日志／系统日志）、监控点／设备、时间段查询日志信息。

可将查获的日志信息保存为 TXT 文档或 EXCEL 文档。

（6）报警类

可接收所有报警信息，按报警优先级显示。

以颜色区分已处理和未处理的报警信息。

（7）电子地图类

操作客户端将定时验证电子地图的版本信息，若发现版本过期，将提醒用户更新。同时，支持用户主动执行手动刷新功能。

以树状列表来呈现所有分级地图，包括地图上已添加的元素信息和元素状态。

电子地图支持普通状态显示和报警状态显示。普通显示状态是指显示当前选中的地图以及地图上添加的元素；报警显示状态是指多个地图显示窗口，主窗口显示当前选中的地图，其余窗口显示发生报警的地图，可按 4 分割、6 分割和 9 分割显示。两种显示状态可自动来回切换，常规条件下按普通显示状态显示，当有报警发生时按报警显示状态显示，当报警被处理以后自动切换回普通显示状态。

支持按比例缩放电子地图，支持通过点击电子地图上的监控点进行预览。

报警信号可触发电子地图对应报警图标闪烁，可控制电子地图上的报警输出和外接设备，如灯光、门禁等。

可在电子地图上查看各监控点和报警源的布防状态。

（8）语音对讲类

可在预览前端图像的同时，向前端发起语音对讲。

可在未预览状态下，向前端设备发起语音对讲。

可向其他客户端发起语音对讲，或接受来自其他客户端发起的语音对讲。

（9）电视墙类

可将视频源拖拽到电视墙输出布局界面中输出显示。

支持两种循环解码工作模式：一是客户端主动轮巡依次控制每个输出进行图像轮巡；二是电视墙按照预设的轮巡计划进行。

可打开上墙图像对应的声音。

可通过 CCTV 模拟键盘控制预览上墙的切换及云台控制。

支持电视墙上呈现的图像做二次输出，显示在其他位置，无须再做取流和解码操作。

可控制电视墙输出索引号及上墙类型的标示。

（10）备份操作类

可选择本地磁盘、移动磁盘、网络映射盘或 FTP 备份录像文件。

可手动将 DVR 或 NVR 设备保存的录像文件备份到指定位置，备份过程将显示本次任务数据总大小，以进度条形式显示工作进度。

可对多个备份文件的先后顺序进行调整。

可将录像数据刻录到 CD/DVD 光盘，并将播放器刻录进光盘，光盘自动运行，按时间回放。

可设置定时自动备份计划，系统会按照计划自动执行备份任务。

支持断点续传功能，备份过程异常中断后，下次备份操作从中断位置继续。

4.3 数据采集管理系统

4.3.1 数据采集系统介绍

1. 系统场内外数据采集

场内外数据采集后形成的表现形式为：时间＋相应数据显示值。

场内生产业务数据的采集包括两部分：一是将场区现有的部分设备运行状态参数采集传输到管理平台。在对应地图上标注出设备的位置，通过点击实现实时查看设备状态的目的。除查看显示外，需有储存、统计、分析数据和生成报表等功能。二是将现有部分手动记录的生产业务数据纳入系统，实现对数据的电脑化管理，可进行统计分析、形成报表等。除将以上数据接入系统外，还需要根据甲方实际设置阈值报警功能，对偏出正常范围的数字进行报警。

该系统具备采集以下数据的能力。

火炬：燃烧温度、甲烷浓度、排气温度、排气压力、氧气浓度、排气湿度、排气流量、控制室温度、进气压力、工作频率。

在线监测系统：TOC 浓度、COD 浓度、氨氮浓度、ph 值、瞬时流量、累计总流量。

污水调蓄池液位计：水位数值。

地磅房：地磅计量数据。

填埋作业操作记录：冲洗站使用时间、换水次数、清淤泥车数，每日填埋标高、每日填埋区域及方位、作业人员、作业时间、覆盖时间、作业方式、作业面面积（含平面和坡面）、每日防雨布覆盖面积、HDPE 膜覆盖面积、覆土面积、盲沟制作、气井接管（直管和横管）、平台制作数、药剂使用量等。

污水厂每日操作记录：SV、DO、ph 值、温度、加药量、污泥量、降雨量、污水处理量、排放量、用水用电量等。

监测站监测实验操作记录：水质 CODcr、BOD5、NH_3-H、ph 值、SS 值、色度、高锰酸盐、TP、TN、Cl^-、总硬度、各类重金属含量、细菌数，氨气和硫化氢气体浓度、TSP、填埋气体甲烷浓度、填埋作业密度、填埋作业暴露面面积、填埋覆土厚度、噪声、苍蝇密度、堆体高程、堆体沉降值、各城区生活垃圾成分等。

场外生产数据采集要求，通过远程信息采集，在系统中显示数据，可对数据进行储存、统计、分析等，必要时可输出实时曲线、图表等。

2. 数据管理方式

实时数据采集系统可以为远程 SCADA 系统提供高效、海量吞吐、稳定的数据源。它具有数千亿条实时数据的在线存储能力，可以一次性保存监控系统 10 年以上的监控数据。在提供了对实时数据的海量高效存储和高效查询能力的同时，具有功能强大的数据处理和分析能力，从而实时分析和处理监控系统中的大量实时信息，通过虚拟位号，提供实时软仪表功能，能够计算和提供环境保护监测中各种监控指标。分布式的可伸缩构架有利于通过提供硬件条件进一步提高性能。采用实时数据采集系统作为数据源，可以在高并发系统中支撑监控系统中的实时级动态流程监控和趋势跟踪，支撑长期的历史查询、各种监控指标分析计算等一系列数据应用需求。

实时数据采集系统兼容完整的 OPC、DDE 等广泛应用的实时数据传输接口协议，并提供自定义接口软件，支持按照用户需求自定义的通讯协议。系统架构如图 4-24 所示。

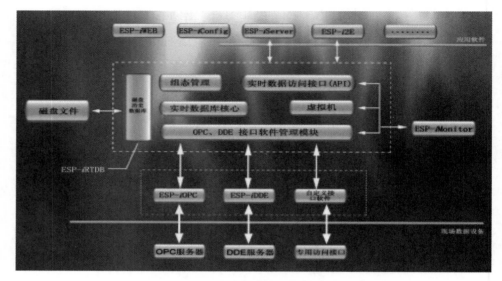

图 4-24　实时数据采集系统架构

4.3.2　数据采集系统特点

1. 监控数据长期存储和高速查询功能

实时数据采集系统采用微软先进的 DCOM 分布式服务技术开发，所有组件以 Windows 服务形式后台运行，无须安装任何第三方软件，整体采用高可伸缩性的设计，系统提供内存历史和磁盘历史的双重支撑，并提供了高效保真的数据压缩技术，从而进一步在保持数据完整真实的情况下，节约了磁盘空间。在单至强 CPU、1G 内存的 PC 服务器上，以 1 秒钟的采样周期，实时数据采集系统能够稳定支撑高达 6 万点位号容量，在线保存数千亿条记录，提供高效并发存储和查询功能，系统资源占用率小于 40%。可以满足 10 年以上的数据在线保存需求，实时数据库外围提供了多种易用的数据库管理和分析工具，进一步增强了系统的可维护性，并方便了数据的分析、使用。实时通信状态监测与硬盘存储状态监测如图 4-25、图 4-26 所示。

2. 完善的管理工具和丰富的应用软件

实时数据库提供了丰富的管理工具，使实时数据库的管理维护工作变得十分简单。所有的工作可以全部在集成的图形化管理软件上进行管理。

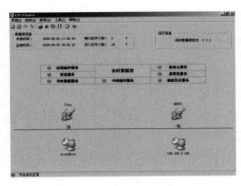

图 4-25　实时通信状态监测

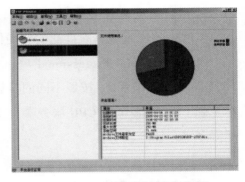

图 4-26　硬盘存储状态监测

通过组态工具进行实时数据库的组态工作。此外，实时数据库还提供了丰富的应用工具。通过趋势图软件可以高速查询海量的历史趋势和实时趋势。

3. 高效数据处理和虚拟仪表功能

实时数据库系统同时是一个数据处理的平台，内嵌了高效的虚拟机，直接支持 VBA 编程。虚拟位号是区别于实际位号的一种十分有用的功能。虚拟位号不和底层的实际数据源相对应，而是作为一个可以访问的数据处理单元存在。上层应用可以使用读写一个实位号一样的方法来读写虚拟位号，而虚拟位号可以定义为读、写、定时三种逻辑触发其运算功能，从而对实时数据进行即时处理。虚拟位号支持及联触发，从而可以用简单的逻辑构建功能丰富的实时运算单元。对于无线监控与计量管理业务，该功能不但可以提供对需展示的实时数据进行必要的处理功能和报警运算功能，还可以使用该功能提供完整的实时分析统计功能，从而为热网无线监控与计量管理业务提供充分的监控分析数据。

4. 开放的接口体系全方位支持数据交互和二次开发

实时数据库系统上层提供了完善的数据访问服务，同时提供 COM、OLEDB、.Net、Web Server 形式的数据访问接口，不但支持目前所有主流开发语言的分布式数据访问，而且可以在完善的权限体系下提供安全的 XML 格式的 Web 数据服务，从而最大限度地满足扩展性和二次开发的需求。

5. 广泛的软硬件平台适应能力

实时数据库系统具有广泛的软硬件平台适应性，可稳定运行于 Windows NT、Windows 2000 Professional / Server / Advance Server、Windows Server 2003 等主流操作系统；按照不同的容量和性能需求，可以支持单 CPU PC 机、单至强 CPU 到多至强 CPU 服务器；支持 ATA 硬盘、SCSI 硬盘、磁盘阵列库等多种存储介质。

4.3.3 Web 应用

1. 首页数据采集系统登录界面如图 4-27 所示。

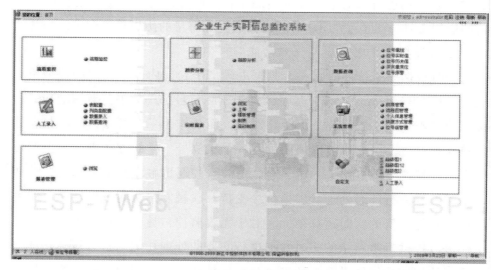

图 4-27　数据采集系统登录界面

2. 实时监测

3D GIS 监测界面由系统标题栏、子系统导航栏、地图、导航区、导航对象对应的基本信息、分项、分类等展示项构成。

通过浏览主页可链接到各个监测点的流程图。

通过浏览器可以浏览供气流程图，并能显示装置参数的实时数据。

可以对流程图组态，配置位号信息，并能定时读取实时数据平台，最终将其发布到网页中。

组态的流程图具有动画效果，容器中的液面可以动态上升或者下降。

组态的流程图具有报警功能，当装置某一参数超限便启动报警。

在流程图上点击某一个位号，可在新窗口查看此位号的历史趋势。

支持多用户同时打开流程图。

网页上数据的刷新周期可以配置，可设置的周期范围是 1—30 秒。

可用定制的 Flash 软件图形库方便快捷地绘制出流程图。

3. 趋势分析

通过浏览器可以查询、分析任一位号的实时 / 历史趋势。

通过浏览器可以查询、分析一组多个位号的实时趋势。

趋势分析和流程图无缝集成。

支持多用户同时打开趋势图，用户可以根据各自的岗位，对需要查询的数据组成趋势分析位号组进行查询、分析，非常便利。

4. 数据查询

数据查询包括数据的属性查询、分析查询、对比查询、数据查询、表值查询等。支持按照区域、分项、分类查询；支持自定义数据查询分组，用户可以根据自己的需要，在权限范围内自由组合查询项。

数据查询的结果以表格的形式呈现，查询的结果可以导出为 EXCEL、PDF 等格式，方便数据的二次应用。

5. 系统报警

系统根据预先设定的预警条件，生成报警记录，监测超标情况。报警记录结果集包括序号、区域、报警计量项、日期、报警信息。系统根据获取的报警记录结果集设置查询条件，对报警结果集进行筛选。

除了软件界面上的报警，系统还提供 E-mail 报警和短信报警。管理员将 E-mail 地址和短信手机号码加入群发列表，对于指定报警级别的报警记录，系统根据预先配置的接收 E-mail 地址列表和手机号码列表，群发报警信息。如图 4-28 所示。

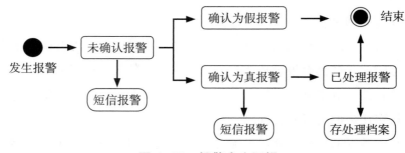

图 4-28 报警产生逻辑

系统报警包含设备异常报警和超标报警等。

6. 实时报表

通过浏览主页可链接到各个监测点的报表。

通过浏览器可以浏览数据报表，报表中的信息实时变化。

报表中的位号信息可以配置、组态，能定时读取实时数据平台，最终发布到网页中。

支持多用户同时打开报表。

7. 人工录入

人工数据录入是让用户能够手工键入企业数据信息，扩展了企业存储生产数据的能力。该模块主要包括创建用户表、配置数据类型、数据录入和数据查询四个部分。

4.4 清运收集点管理系统

4.4.1 系统概述

该系统是以计算机硬件与网络通信平台为依托，以政策、信息化机构以及安全体系为保障，以标准和规范体系为依据，以数据库建设为核心，以 GIS 管理系统软件平台为支撑，以杭州市环境集团有限公司业务信息化管理为目标的系统。总体上，系统采用 B/S 结构，基于 Java 语言开发环境，采用 J2EE 体系，实现平台的 SOA 架构，实现单点登录模式，不同权限的用户角色经统一身份认证后进入系统。

4.4.2 系统的标准体系

杭州市环境集团有限公司直运信息管理系统的标准体系主要包括数据标准和技术规程两大方面。

1. 系统建设的数据标准

数据标准是杭州市环境集团有限公司直运信息管理系统建设的重要内容。平台数据共享面对的是不同应用层次和性质的服务对象，为了保证平台数据的共享应用，必须依据规范的数据标准进行数据建设。数据标准主要涉及下列几个方面。

（1）基础空间数据标准

基础空间数据标准包括基础空间地理数据分类编码标准、基础空间地理数据的基本属性表、基础空间地理数据的空间矢量数据模型（至少应包括几何特性定义、属性项设置、代码设置、特殊字段的字典设置、特殊情况说明）、基础空间地理数据的空间参考标准、基础空间地理数据制图规范等，其核心是基础空间地理数据分类编码标准。

（2）专题空间数据标准

专题空间数据标准包括专题数据的命名规则、专题要素的分类编码标准、专题数据的基本属性表、专题数据的空间矢量数据模型、专题数据制图规范等。

（3）数据库标准

数据库标准规定了杭州市固废直运信息管理系统的各类数据子库的划分规则及命名规范，各数据子库中数据表的划分规则及命名规范，各数据表的基本属性字段内容定义及其命名规则、数据类型、数据约束条件、数据关联规则等。

（4）元数据标准

元数据标准主要包括杭州市固废直运信息管理系统 GIS 数据库体系的各类数据的元数据描述规范、元数据自身的描述规范、元数据自身的数据组织、数据内容规范等。

2. 系统建设的技术标准

（1）数据质检技术标准主要包括数据采集质量检查标准、数据建库质量检查标准、数据库建设验收标准、数据质量监理标准等。

（2）数据处理技术规程主要包括基础地理数据建库技术规程、基础地理数据处理技术规程、清洁直运点数据建库技术规程、清洁直运点数据处理技术规程、GIS 数据处理质量检查规程等。

（3）数据管理技术规程主要包括空间数据入库操作规范、空间数据转换操作规范、空间数据整合操作规范、空间数据更新操作规范、空间数据质量监理操作规范等。

4.4.3 GIS 数据库介绍

GIS 基础地理数据库包括 1：500 的地形图数据库、遥感影像库、行政区划数据库、城市道路数据库和清洁直运点数据库。

基础地理数据库的坐标系统统一采用杭州市独立坐标系，覆盖杭州全市域。行政区划数据库和城市道路数据库主要从 1：500 地形图中提取，接边整形处理后形成统一的行政区划和杭州市道路网地图。

1. 1：500 地形图数据库

地形要素编码由地形要素分类码＋地形要素特征码构成，其中地形要素分类码为 4 位数字，地形要素特征码为 2 位数字。

（1）地形要素分类码

采用国标《1：500　1：1000　1：2000 地形图要素分类与代码》（GB 14804-93），同时与《1：500　1：1000　1：2000 地形图图式》（GB/T 7929-1995）兼容。

如表 4-3 所示，地形要素信息共分九大类，并进一步分为大类、小类、一级和二级。分类代码由 4 位数字码组成，其结构为：大类码＋小类码＋一级代码＋二级代码。

表 4-3　1∶500 地形要素分类大类码

大类码	名　称
1	测量控制点
2	居民地和垣栅
3	工矿建（构）筑物及其他设施
4	交通及附属设施
5	管线及附属设施
6	水系及附属设施
7	境界
8	地貌和土质
9	植被

分类代码不足 4 位时，后面加 0 补足 4 位。

（2）要素特征码

地形要素分类码主要体现了地物的分类特性。地形要素特征码反映了构成某类地物的图形要素和特征，采用 2 位编码，由图形实体分类码（1 位）＋实体特征码（1 位）组成。地物特征要素编码如表 4-4 所示，地形要素特征码 = 图形实体分类码＋实体特征码。

表 4-4　1∶500 地形要素分类码特征码

特征分类 图形要素 \\ 实体特征码（第6位） 图形实体码（第5位）		0	1	2	3	4	5
点	0	独立地物点	附属点				其他
线	1	不依比例尺线	主结构线	辅结构线	示意线	构面线	其他
面	2	一般面	复合面				其他
注记	9	所有注记					

2. 1∶500 地形图数据分层

根据应用及 GIS 数据模型特点及制图的需要，1∶500、1∶2000 地形图的分层如表 4-5 所示，每一层对应 Super Map 的一个数据集。

表 4-5　1∶500 地形图数据分层

要素类型	要素名称	几何要素	图层特征	图层名	备　注
地物	控制点	控制点	点	DXK_KZD	控制点
		控制点注记	注记	DXK_KZZ	控制点注记
	居民地	建筑点状物	点	DXK_FWD	
		房屋线	线	DXK_FWX	
		房屋面	面	DXK_FWM	房屋面
		居民地注记	注记	DXK_FWZ	
	工矿建（构）筑物及其他设施	工矿点状物	点	DXK_GKD	
		工矿线状地物	线	DXK_GKX	
		工矿面层	面	DXK_GKM	
		工矿注记	注记	DXK_GKZ	
	道路与交通附属设施	道路点状物	点	DXK_DLD	
		道路边线	线	DXK_DLBX	
		道路中心线	线	DXK_DLZX	道路中心线需要建立网络拓扑，故作为单独图层
		道路面	面	DXK_DLM	
		道路注记	注记	DXK_DLZ	
	管网与附属设施和垣栅	管网垣栅点状设施	点	DXK_GWD	
		管网垣栅线	线	DXK_GWX	
		管网垣栅注记	注记	DXK_GWZ	
		点状地物	点	DXK_DWD	地物点
		线状地物	线	DXK_DWX	地物线
		面状地物	面	DXK_DWM	地物面
		地物注记	注记	DXK_DWZ	地物注记

要素类型	要素名称	几何要素	图层特征	图层名	备　注
地貌	等高线与高程点	高程点	点	DXK_GCD	高程点
		等高线	线	DXK_DGX	等高线
		高程注记	注记	DXK_GCZ	高程注记
	地貌	地貌点状物	点	DXK_DMD	地貌点
		线状地貌	线	DXK_DMX	地貌线
		面状地貌	面	DXK_DMM	面状地貌
		地貌注记	注记	DXK_DMZ	地貌注记
地类	植被	点状植被	点	DXK_ZBD	地类点
		线状植被	线	DXK_ZBX	地类线
		面状植被	面	DXK_ZBM	地类面
		植被注记	注记	DXK_ZBZ	地类注记
水系	水系与附属设施及注记	点状水系地物	点	DXK_SXD	水系点
		线状水系地物	线	DXK_SXX	水系线
		水系面	面	DXK_SXM	水系面
		水系注记	注记	DXK_SXZ	水系注记
行政区划	境界及注记	行政境界线	线	DXK_XZJ	境界线
		行政区划面（县级）	面	DXK _XZQ_A	县级境界面
		行政区划面（乡镇级）	面	DXK _XZQ_B	乡镇级境界面
		行政区划面（村级）	面	DXK _XZQ_C	村级境界面
		行政境界、地籍注记	注记	DXK _DJZ	境界注记

3. 1：500 地形图分层数据表结构

1：500 地形图分层数据表结构如表 4-6 至表 4-12 所示。

表 4-6　DXK_DLZX（道路中心线）属性表结构

字段名称	数据类型	主键	外键	注释
ID	NUMBER(10)	TRUE	FALSE	道路中心线标识
CODE	NUMBER(6)	FALSE	FALSE	要素代码
NAME	NVARCHAR2(20)	FALSE	FALSE	道路名称
Update	SMALLDATETIME	FALSE	FALSE	更新日期

表 4-7　DXK_FWM（房屋面）属性表结构

字段名称	数据类型	主键	外键	注释
ID	NUMBER(10)	TRUE	FALSE	居民区标识
CODE	NUMBER(6)	FALSE	FALSE	要素代码
NAME	NVARCHAR2(20)	FALSE	FALSE	房屋名称
FWDM	VARCHAR2(16)	FALSE	FALSE	建筑物编码
Update	SMALLDATETIME	FALSE	FALSE	更新日期

表 4-8　DXK_SXM（水系面）属性表结构

字段名称	数据类型	主键	外键	注释
ID	NUMBER(10)	TRUE	FALSE	水系标识
CODE	NUMBER(6)	FALSE	FALSE	要素代码
NAME	NVARCHAR2(20)	FALSE	FALSE	水系名称
Update	SMALLDATETIME	FALSE	FALSE	更新日期

表 4-9　XK_SXX（水系线）属性表结构

字段名称	数据类型	主键	外键	注释
ID	NUMBER(10)	TRUE	FALSE	水系标识
CODE	NUMBER(6)	FALSE	FALSE	要素代码
NAME	NVARCHAR2(20)	FALSE	FALSE	水系名称
Update	SMALLDATETIME	FALSE	FALSE	更新日期

表 4-10　DXK_DGX（等高线）属性表结构

字段名称	数据类型	主键	外键	注释
ID	NUMBER(10)	TRUE	FALSE	等高线标识
CODE	NUMBER(6)	FALSE	FALSE	要素代码
Elevation	FLOAT(5)	FALSE	FALSE	高程值
Update	SMALLDATETIME	FALSE	FALSE	更新日期

表 4-11　DXK_GCD（高程点）属性表结构

字段名称	数据类型	主键	外键	注释
ID	NUMBER(10)	TRUE	FALSE	高程点标识
CODE	NUMBER(6)	FALSE	FALSE	要素代码
Elevation	NUMBER(6, 2)	FALSE	FALSE	高程值
Update	SMALLDATETIME	FALSE	FALSE	更新日期

表 4-12　其他数据集对应的属性表结构

字段名称	数据类型	主键	外键	注释
ID	NUMBER(10)	TRUE	FALSE	要素标识
CODE	NUMBER(6)	FALSE	FALSE	要素代码
Update	SMALLDATETIME	FALSE	FALSE	更新日期

4. 行政区划数据库的主要结构

行政区划单元可分为市区（县、县级市）、街道（乡镇）、居（村）委会四级，采用 Super Map 多边形数据集存贮。

5. 道路网数据库的主要结构

道路网数据从地形图道路中心线层提取，主要提取杭州市区的交通干道，是实现清洁直运路线分析和 GPS 车辆监控的地理应用基础；采用 Super Map 多义线数据集存贮。

6. 清洁直运点数据库

为建立清洁直运点在地图上的快速空间定位分析，我们将采用空间地理编码的方式建立空间坐标的索引关系，充分发挥 GIS 的优势。

清洁直运点地理编码考虑采用清洁直运点几何中心点的地理坐标进行编码，坐标精度为米。统一采用 12 位编码，其格式为

X1，Y1，X2，Y2，X3，Y3，X4，Y4，X5，Y5，X6，Y6。

当清洁直运点东西方向的坐标为 X，南北方向坐标为 Y 时，将 X、Y 分别减去奉贤区东西和南北方向的最小坐标，再分别减去 100000 米，以米为单位取整，得到清洁直运点几何中心点东西方向坐标为 X1，X2，X3，X4，X5，X6，南北方向坐标为 Y1，Y2，Y3，Y4，Y5，Y6，采用坐标交错法对清洁直运点进行编码，该清洁直运点的编码为 X1Y1，X2Y2，X3Y3，X4Y4，X5Y5，X6Y6。本编码可以对近 1000×1000 平方千米范围的建筑物进行编码，满足杭州行政区划范围的管理需要。

采用地理编码法，可以确保编码的稳定性，不受行政区划变动的影响；坐标精度为米，可以使清洁直运点编码确保唯一；可以采用 GIS 软件对清洁直运点进行自动编码；可以对编码进行计算，反求建筑物几何中心点的坐标，方便建筑物在电子地图上的定位；可按建筑物空间位置排序。

7. 遥感影像数据库

影像数据库主要包括杭州市的各类航空正射影像图和卫星遥感影像图。遥感影像数据通过 Super Map 的 SDX+ 技术来获取，存贮在 Oracle 数据库中，并建立影像金字塔，供多用户并发共享访问，同时确保影像数据的安全性。

4.4.4 数据库和更新的功能

1. 数据转换

数据转换功能是把甲方提供的 CAD 格式的杭州市 1:500 基础地形图数据从 DWG/DGN 格式无损转换到 SDB 格式（Super Map 文件格式）。先处理成 DXF 格式，在 ARCGIS 中进行 GIS 拓扑关系的处理，保证满足 GIS 建库的标准，再由 E00 格式导入 Super Map GIS 平台库中，录入相关的属性数据。在数据转换的过程中，通过元数据的对照关系，可以自动将 GIS 数据进行重新组织，包括数据的分层、字段、编码以及符号等，形成满足杭州市环境集团有限公司固废直运信息管理系统数据库标准要求的 GIS 数据组织。

数据转换具有如下几条原则。

（1）标准对应的原则

数据转换是连接中间格式数据和 GIS 数据的枢纽，一个好的转换接口可以保证转换后生成的 GIS 数据在内容上不少于转换前的数据，即无损转换。因此要在中间格式的规定和数据库中数据结构设计的时候保证实体的一一对应。

（2）自动化原则

转换程序应尽可能实现自动化，减少人工干预，并对中间格式数据进行属性的提取工作，保证转换后的编辑工作量很少或者等于零。

（3）容错原则

对中间格式数据中存在的错误，能够及时发现并且给出提示。并且转换程序本身要有一定的容错能力。

（4）效率原则

转换程序应该在考虑准确性的基础上兼顾效率，缩短单位图幅数据的转换时间，以适应海量数据转换的要求。如图 4-29 所示。

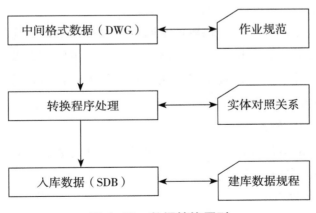

图 4-29　数据转换原则

2. 数据检查功能

数据检查是基于空间数据元数据描述，以及基础地理空间规则等，来检查空间要素和非空间要素所存在的错误和误差。它主要由元数据内容、检查规则、数据检查模型、空间数据引擎共同工作来完成。

数据检查的功能主要包括数据一致性、数据完整性和数据正确性三个方面。

（1）数据一致性检查

要素注记与其属性是否一致；地形要素之间的逻辑一致性，如房屋与房屋、房屋与其他地形要素等的一致性，房屋和房屋不能有交叉重合等；高程点与等高线的高程值是否一致等。

（2）数据完整性检查

根据元数据规范，确定目前数据缺少哪些图层和要素；要素的属性是否完整，如基本属性是否存在缺失的问题；图形要素是否完整，如是否存在有属性信息而无图形信息的情况等。

（3）数据正确性检查

编码的正确性，如是否存在非法的编码；图层的正确性，如是否存在非法的图层；检查转换后长度、面积和转换前长度面积的误差；应该封闭地物的封闭性，如房屋的封闭性等。

数据检查是解决目前基础地理空间数据存在问题的一个重要途径，基础地形数据的编码、分层、拓扑、图属不一致、逻辑错误及人为错误等，都可以通过软件的辅助检查出来，从而让工作人员进行修改，这是提高空间数据库质量的重要手段。

3. 数据入库功能

数据入库是指将转换后的符合入库格式标准的数据导入数据库。数据入库的时候主要考虑以下几点。

（1）自动接边机制

建立接边判断的机制，检查实体是否需要和数据库中已经存在的其他实体接边，如果需要则执行接边操作。也就是说，入数据库的所有数据是无缝拼接在一起的，图 4-30 为居民地接边后的情况。

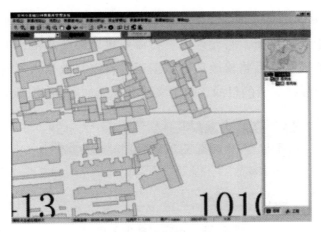

图 4-30　居民地自动接边图

（2）入库的完整性

应该保证入库数据全部导入数据库，不丢失几何信息和属性信息。

（3）入库的效率

基础地理信息系统数据量大，必须提高入库程序的运行效率，缩短入库时间。

本系统允许用户采用按标准图幅和自定义数据导入两种方式将数据入库。

（4）按图幅数据入库

将按图形分幅标准划分后的数据以图幅为单位进行入库。如图 4-31、图 4-32 所示。

图 4-31　按图幅入库（指定图层）

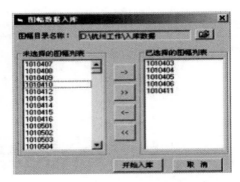

图 4-32　按图幅入库（指定图幅）

（5）自定义数据入库

主要用于数据更新，它允许用户将需要更新的任意范围的数据导出，并对其进行修改，然后将修改后的数据通过自定义数据入库的方式导入数据库，以达到数据更新的目的，自定义数据入库如图 4-33 所示。

图 4-33　自定义数据入库

4. 数据更新功能

基础地理数据库的更新就是依据规定区域内地表变化的现状，修正信息载体上相应要素的内容，以提高其精度和保持现势性的一项重要工作。数据库的更新流程设计如图 4-34 所示。

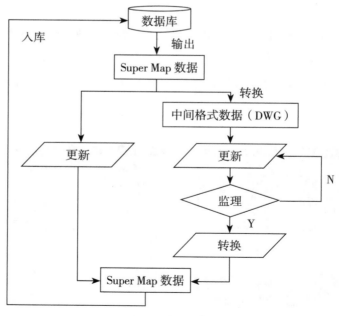

图 4-34　数据库更新示意图

在数据更新时，需要考虑以下几个要点。

（1）实体校验机制的建立

在更新数据入数据库的时候，系统根据实体变化的校验机制，来判断库内已有实体是否发生了更新的操作，从而决定是否将当前的实体写入数据库中，以及将库内原来的实体写入历史数据库中。

（2）实体增量存储机制的建立

在数据写入数据库的时候，建立实体的增量变化记录，使用户可以对具体的实体进行历史浏览。

（3）自动接边机制

建立接边判断的功能，检查实体是否需要和数据库中已经存在的其他实体接边，如果需要则执行接边操作。

4.4.5 数据脱密处理

数据脱密处理分两个操作。

1. 保密数据的过滤

在获取的原始数据中，规划局数据中含敏感关键字，如加油站、部队、变电所等信息，需要对这些保密数据进行过滤操作。

2. 坐标系的偏移

对原始坐标系的随机偏移，使最终使用的坐标系为非标准坐标系。

4.4.6 系统功能

本系统以 GIS 地理信息系统为基础，提供与业务关联的垃圾收集点、中转站等空间位置信息及相关属性信息的地图标注、录入、编辑、查询、统计、空间定位及清洁直运路线管理、最优分析等功能。

1. 地图标注功能

提供方便的清洁直运点空间位置输入手段，提供多样化的图形属性编辑工具，包括空间资料转入、空间数据库读入、电子手簿直接读入、由坐标数据转入、键盘坐标输入等手段，实现清洁直运点的空间数据各种操作和编辑。

2.属性录入编辑功能

提供清洁直运点元素相关的属性数据编辑工具,包括属性数据输入、按照清洁直运点各组成成分进行数据输入、提供可视化的编辑功能、清洁直运点属性的储存和更新管理、数据导入、键盘输入等对清洁直运点属性的编辑和修改。要充分考虑到各个清运点的运作时间、选用车型不相同等信息管理,使空间数据和业务数据可融为一体。

3.查询定位功能

按照指定的属性查询条件进行查询清洁直运点,并显示到地图中心高亮展示。

4.统计分析功能

统计分析某一区域清洁直运的总量。

统计分析某一时间段某一清洁直运点的收集总量。

统计分析某一清洁直运点的车辆运送情况。

统计分析清洁直运点的月度、季度、年度的数据指标等。

5.最优路线分析

可以根据清洁直运点的地理位置,自动分析到公司场区的最佳路线;可以分析某一车辆当前位置到指定清洁直运点的最优路线等。如图 4-35 所示。

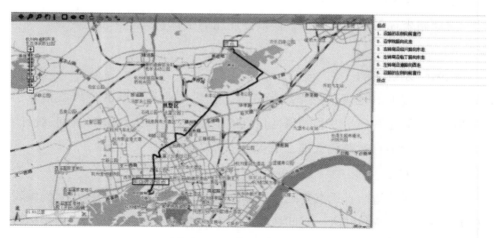

图 4-35　最优路线分析图

5 清洁直运标准

垃圾清洁直运作为垃圾收运处置的新模式，需要以包括管理标准、技术标准和作业标准在内的新的标准对其进行管理。以下是杭州清洁直运的标准。

5.1 管理标准

5.1.1 生活垃圾收运管理

（1）生活垃圾的收运应按照国家现行法律、法规的规定执行，贯彻环境保护、节约土地、劳动卫生、安全生产和节能减排等有关规定。

（2）生活垃圾收运系统的建设应在区域环境卫生专业规划的指导下，统筹规划、分期实施，远近结合、近期为主。收运设施的数量、规模、布局和选址应在综合分析对技术、经济、社会和环境的影响后确定。收运设施设备应与后续中转系统和处理系统相协调。

（3）生活垃圾收运应坚持专业化协作和社会化服务相结合的原则，合理确定配套项目，提高运行管理水平，降低运行成本。有条件的地区宜建立垃圾收运信息化管理系统。

（4）城市生活垃圾应实行分类收集，垃圾分类收集方式应与后续运输、处理方式相协调。

（5）垃圾改运设施、设备及容器上的标志应符合国家现行标准《图形符号安全色和安全标志第1部分：安全标志和安全标记的设计原则》（GB/T 2893.1–2013）和《环境卫生图形符号标准》（CJJ/T 125–2008）的有关规定。

（6）应在垃圾收集、运输车辆（容器）明显位置标明环卫专用车、新能源标志、商标和使用（作业）单位名称等标识；应在垃圾收集段在设备显著位置标明环卫标志和使用单位名称。

（7）建筑垃圾、工业废物、医疗废物、生活垃圾中的危险物及其他类别危险废物严禁混入生活垃圾收运系统；粪便应单独收集、运输及处理处置。

5.1.2　生活垃圾投放管理

（1）生活垃圾应投放到指定垃圾容器或投放点，不得乱丢乱倒；

（2）生活垃圾应定时定点投放、收集；

（3）严禁任何单位和个人向河流、湖泊、沟渠、水库等水体及河道倾倒生活垃圾。

5.1.3　废物箱设置管理

（1）道路两侧，各类交通客运设施、公共设施、广场、社会停车场等的出入口附近应设置废物箱。

（2）实施生活垃圾分类收集的城市应按分类方式设置相应的废物箱。分类废物箱应有明显标识，并应易于识别和分类投放。

（3）废物箱外观应美观、卫生，并应防雨、防腐、耐用、阻燃、抗老化。

（4）废物箱的设置间距应按现行行业标准《环境卫生设施设置标准》（CJJ 27–2012）的有关规定执行。

（5）在村镇中心区外的其他区域，废物箱宜与收集点合并设置。单独设置的废物箱应保持箱体密闭、整洁，布局合理。

5.1.4　生活垃圾收集点设置管理

（1）生活垃圾收集点的服务半径不宜超过 70 米，生活垃圾收集点可放置垃圾容器或设垃圾容器间；市场、交通客运枢纽等生活垃圾产生量较大的公共设施附近应单独设置生活垃圾收集点。

（2）生活垃圾收集点宜设置在垃圾收集车易于停靠的路边等地，其服务半径不宜大于100米。

（3）垃圾收集点应满足服务范围内的生活垃圾及时清运的要求。非袋装垃圾不应敞开存放。

（4）实施生活垃圾分类收集的城市生活垃圾收集点设置及运行应满足日常生活垃圾的分类收集要求，并与后续分类运输、分类处理方式相适应。

（5）生活垃圾收集点，包括垃圾桶（箱）、固定垃圾池、袋装垃圾投放点的设置，应符合国家现行《生活垃圾收集运输技术规程》（CJJ 205–2013）有关标准的规定。

（6）垃圾收集点应合理设置。垃圾收集点位置应固定，应便于分类投放和分类清运，方便居民使用。

（7）垃圾收集点用于集中收集的垃圾容器应根据各服务区实际需求进行购置，其类型、规格的选取应符合国家现行有关标准的规定。居民住宅单独收集点的垃圾桶应满足桶体密封、加盖的基本要求。

（8）收集点的各类垃圾收集容器的容量应按其服务人口的数量、垃圾分类的种类、垃圾日排出量及清运周期计算，并宜采用标准容器计量。垃圾收集容器的总容纳量应满足使用需要，垃圾不得超出收集容器的上口平面，垃圾日排放量及垃圾容器设置数量的计算方法应符合《生活垃圾收集运输技术规程》（CJJ 205–2013）的规定。

5.1.5 生活垃圾收集站设置管理

（1）收集站应考虑与居住区景观和周围环境的协调，有利于保护环境。

（2）独立式收集站建筑外墙与相邻建筑物的间距应符合国家现行相关标准的规定，并宜设置绿化隔离带。

（3）收集站通道应畅通，应便于安排垃圾收集和运输线路。

（4）改、扩建收集站应符合现行行业标准《生活垃圾收集站技术规程》（CJJ 179–2012）的有关规定。

（5）人力收集方式的最大服务半径不宜超过1千米，小型机动车收集方式的服务半径不宜超过 2 千米。

（6）收集站不应敞开作业。现有的敞开式收集站应规范卫生防护措施，并应通过技术改造或改、扩建使其实现密闭收集作业。

（7）收集站的最大接收能力，应根据服务区域内的生活垃圾产生量的最高月平均日产生量来确定。

5.2 技术标准

5.2.1 出车前准备

1. 员工报到

（1）司机和集运员应按照规定出车时间提前 15 分钟到调度室，特殊天气应提前 30 分钟到场。如因特殊情况不能到场，须及时请假。随车集运员如有迟到的，当班司机要主动联系，查明原因，及时与值班调度员和分公司领导汇报。

（2）规范穿着工作服，着装上下统一。

（3）认真填写签到表，字迹要清晰，不得代签或漏签。

2. 出车检查

车组人员应对车辆进行例行检查，包括转向、制动、灯光、轮胎、液压系统和润滑、紧固部位等，保持车况良好；检查车容车貌是否完整；检查随车作业工具是否齐全；集运员应协助进行。具体如下：

（1）直运作业车辆应当标示明显的清洁直运和生活垃圾分类标志，并保持功能完好、外观整洁。

（2）司机出车前，首先对车辆的外观装备、轮胎气压、轮胎螺丝、半轴螺丝、电瓶（桩头、电解液）、油箱、液压油等进行逐项检查。

（3）车容车貌整洁，装备齐全，各类门、盖、罩及门窗、料斗锁扣齐全有效，各类玻璃、反光镜齐全、清洁，安装牢固，车身无漆损擦痕，各类设施齐全（包括各类压缩装置）有效。

（4）司机进入驾驶室，搞好驾驶室卫生。打开电源及点火开关，察验各类警报装置。空挡发动车辆，轻踩油门听发动机的工作情况，观察机油压力表、水温表、电流表、油温表、油量表等的工作情况，检查气压表的工作情况及报警气压。

（5）检查大小灯光、防雾灯、方向灯、刹车灯、雨刷器的工作状况。

（6）确保各类压缩油泵、油缸及连动机构工作有效，料斗开启正常、锁止装置牢固。

（7）检查整车是否有"四漏"现象（漏油、漏水、漏气、漏电）。

（8）集运员出车前对作业工具进行清点。集运员随车工具包括地毯、铁锹、扫帚、抹布、作业告示牌、手套、口罩。在检查过程中发现有破损或缺失的，需及时报告并领取，重新检查待确保工作完整无缺失后，方可前往市区作业。

5.2.2 清运

1. 出车

司机要熟知当班运营线路的走向和线路操作要领，临时替班司机要熟读线路行车操作示意图，了解并掌握所提示的要点，按线路指示要求行车。

出车前完成准备工作后，司机、集运员进驾驶室，按照规定时间发车。

2. 作业

车辆到达指定生活垃圾收集容器集置场所停稳后，司机进行操作准备，司机、集运员下车清运生活垃圾。车组应严格执行 12 步作业程序，并严格执行相关工作禁令要求，确保优质高效地完成工作。

在已开展分类的地区，司机和集运员不得将已分类投放的生活垃圾混合收集、运输。

（1）操作准备

停车后必须拉紧手刹，把变速杆放在空挡位置上。打开压缩装置控制开关。向上扳动取力器开关，挂取力器时请务必踩下离合器。打开发动机转速控制开关，接通发动机转速机构。

（2）摆放告示牌

集运员在车辆前后摆放作业告示牌。

（3）降后提升

向下扳动后提升操纵杆，后提升架降落。

（4）铺毯

集运员按规范要求铺设作业地毯。

（5）开盖、推桶

司机操作打开车辆后盖。集运员双手紧抓垃圾桶手柄，单脚抵住桶轮，待桶底前部翘起时再推行。若桶盖敞开，则先轻关桶盖再推桶。

将桶推至车辆后提升，摆平、挂钩、轻开盖。单桶时应放在挂钩中间。感觉桶内垃圾过重或发现异常现象时要检查垃圾成分，如果有影响压缩推板安全作业的石块、瓷器等应分拣出来。

（6）挂桶、翻桶

将垃圾桶钩挂于提升架上，操作后提升架升起，扳动发动机转速开关，转速一般保持在 1000 转 / 小时，使垃圾桶完全上升到顶，上下扳动后提升操纵杆，将桶内垃圾倒入料斗，关闭后门发动机转速开关。

（7）擦桶、复位、清洁

司机操作后提升降落，集运员用抹布擦干净垃圾桶，做到垃圾不残留，将桶推至原位，摆放整齐，同时清洁车辆后提升架。

（8）清毯、收毯、清扫、闭盖

司机和集运员共同扫净倾倒过程中散落在车后地面上的垃圾，将清洁后的地毯合拢收好，清洁后提升架，确保做到车走场净。

在车辆起步之前，必须做车辆升起后提升架，盖好车辆后盖。

3. 行车

（1）清运完毕，按照规定作业路线驶向下一个作业点。不得在运输过程中丢弃、遗洒生活垃圾。

（2）在作业障碍区域或窄地行车、倒车时，集运员应指挥车辆。在向路口倒车时，集运员应该在路口挡住其他车辆通行，并指挥车辆后退。

（3）统一肢体指挥姿势。停止手势：集运员要面向车辆前方站立，高举双臂，双手握拳。前进、后退手势：单臂高举，手指伸展，向前后做大幅度摇摆动作。转弯手势：单臂向前，手心向内，手指伸展，向身体左或右做小幅度摇摆动作。

（4）在车辆起步、转弯、变道、进出作业点时，要准确使用灯光；清运装卸作业时，要根据需要使用车辆警示灯和工作灯，确保作业安全。

（5）行车中要严格遵守道路交通法规，随时关注作业车辆转向、制动、灯光、轮胎等方面的运行情况，保障行车安全。

4. 作业期间的污水排放

（1）根据污水量选择合适污水井排放。

（2）车辆到达指定位置停稳后，集运员下车使用准备好的撬杆掀起污水井盖，将车厢污水管插入井内，抓牢，待车厢内污水放净后挂好污水管；移动车辆将后门污水阀门对准污水井口，打开污水阀倾倒污水，排净后关闭阀门，盖上污水井盖。排放污水时，不得"跑、冒、滴、漏"，不得影响居民生活，不可放到雨水井、河道、沟渠等处。

（3）在平坦地段，司机可下车查看清运现场是否打扫干净；如在作业中发现异常应立即汇报。

5. 清运管理

（1）可回收物和有害垃圾应当定期收集；

（2）回班线路按作业路线巡回保洁一遍。

6. 运输、倾倒

餐厨垃圾和其他垃圾应当每天定时收集，对满溢的作业点再次进行清理。

完成作业与保洁后，将生活垃圾运送至市容环卫主管部门确定的处置场所，运输时集运员进驾驶室，车速不得超过 60 千米/小时。

（1）进、出垃圾处置场

垃圾场入口至污水排放处间的道路行驶速度不得超过 25 千米/小时。

（2）进场污水排放

车辆在泄水站排污区停稳后，集运员下车打开车辆污水箱，开水闸排放污水。完成后关闭闸门，挂起污水管。集运员进驾驶室，车辆起步进入填埋区。

（3）进入填埋区

进出速度保持在 5—10 千米/小时，到达填埋等待区，集运员下车，指挥车辆到达倾倒垃圾地点或直接退至倾倒垃圾处。

（4）倾倒垃圾

①车停稳后，拉紧手制动，接通取力器。投入口如有垃圾，要起动压缩装置，把它清除干净。

②打开后门两侧锁紧装置，向后拉动位于车厢前部外侧面的推板控制钮，同时扳动发动机转速调整开关，加大发动机转速，使后门完全上升到顶。

③继续加大发动机转速，操作推板开始移动，使车厢内的垃圾全部排除干净，略降后门。

④集运员发出前进信号，车辆前进 3—5 米，车速不超过 5 千米/小时，到达安全位置停稳，将推板收回车厢最前边，盖好车辆后盖。

⑤断开取力器和发动机转速控制机构。集运员进驾驶室，车辆离场。

5.2.3 清洗

（1）直运车辆实行一车一洗制度，当班作业结束需进入直运车辆清洗站停放指定位置后进行车辆清洗。

（2）车组人员对车辆厢体内部进行反复冲洗，直至清洗干净。作业完毕后，将推板复位并将填料斗缓慢放下，关闭车辆后盖，结束冲洗程序。

（3）使用海绵刷蘸取专用洗涤剂对整车表面进行认真洗刷，洗刷用力均匀有度，不留清洗死角。在洗刷完毕后，用冲洗水枪将整车冲洗干净。

（4）直运车辆洗净完毕后，应该做到：车辆前挡玻璃及所有门窗玻璃洁净无污物，车身表面、后部挂桶装置等处无可用毛巾擦去的污迹或污物，外反光镜明亮且外观不滴水，车轮钢圈无可用毛巾擦去的污物。

5.2.4 回场收车

（1）车辆回场停放，实行统一管理。

车辆停放在指定停车场，做好收车后例行检查，发现问题应及时维修，需要长时间维修的，要向机务经理或调度员汇报。

①加足燃油、各类润滑油料及各种添加液；

②对车辆装备、发动机、底盘、上装及各类设备逐项检查，发现问题及时报修；

③检查各总成及钢板装置的完好情况；

④日常作业时通过听觉、视觉、嗅觉观察压缩车机械使用状态是否存在异常，如有异常情况应及时上报。

（2）提交路单、过磅单，做好作业记录。

（3）做好交接班工作，对作业片、车辆、人员出现的问题或者经理、调度员的临时工作安排进行通报或交接。

5.2.5 安全

1. 司机

（1）司机应严格执行安全行车"三、二、一"操作法，车辆转弯要正确使用语音提示，车辆停车作业时要在车辆前后方醒目位置放置作业告示牌，在斜坡作业时需在车轮下放置专用三角塞铁防止车辆溜坡。

（2）行驶时必须思想集中，严格按照《中华人民共和国道路交通安全法》和线路安全行车操作要领的相关要求，做到遵法行车、文明行车。行驶过程中，严禁谈天说笑，不四处张望，不开赌气车，不做小动作，不双手同时离开方向盘，不佩戴耳塞。行驶中，要注意力集中，保持平和心态，注意与机动车、非机动车、行人保持足够的横距和直距。途中不擅离岗位，不任意抛车。

（3）在郊区路线上和道路宽阔路段，在30米左右处发现行人横穿道路时应立即鸣号减速，距20米处若行人无反应继续穿越，车速减到15千米/小时以内，距离10米时若行人继续穿越，应立即制动。市区路段应密切注意非机动车、行人动态，尤其是途经交叉路口、人行横道，遇行人、非机动车横穿时，要主动停车礼让。

（4）行驶中要严格控制车速。要按照道路限速标志及规定的车速行驶，最高车速不得高于60千米/小时；车辆进出非机动车道，途经铁路道口、急弯路、窄路、窄桥、下坡或掉头、转弯时不得高于20千米/小时；在居民小区内行驶，须低速行驶，不得高于10千米/小时；车辆途经交叉路口时，应在距路口100米至30米处减速慢行和依次通行，最高时速不得超过20千米/小时。

（5）行车中要有"忍耐、克制"精神，做到有理让无理，不开赌气车，注意在事故易发路段慢行，不盲目争先，做到"宁停三分、不抢一秒"；车辆通过人行横道遇行人或非机动车横穿时，须停车礼让。

（6）作业时，司机要随时观察周围及作业情况，注意集运员的告知事项。只有当集运员发出起步信号后，车辆才能起步；倒车时，司机应注意集运员的指挥。

（7）遇到障碍、塞车路段，必须下车观察确认安全后行车。

（8）做好行车前、中及收车后的例行检查。

（9）车辆工作时，司机不得离开驾驶室；必须离开时，须用三角木掩好车轮，防止车辆滑动。

（10）行车或作业中如发生人伤事故，必须及时抢救伤者，在路途及运送时间基本相等的情况下，尽可能送往级别及医疗水平较高的医院救治，保护好现场，及时拨打122、110或120，问清送达医院，并报告上级管理人员，同时汇报调度室，找好目击证人。

（11）车辆在作业过程中遇机械故障抛锚时，应拨打故障抢修电话或汇报调度室（讲明行驶线路、方向、自编车号、故障地点及故障现象）。同时，须在车尾设立明显标记，夜间应开启示廓灯和后位灯，在确保自身安全的前提下协助交警做好车辆的疏导工作，不得擅自离岗。

2. 集运员

（1）出车前集运员应着装规范，车容整洁，戴好手套、口罩，禁止穿拖鞋上岗，保持衣帽整洁。

（2）在车组作业过程中不闲聊，集运员在作业中要与司机共同维护好车组的良好作业氛围，共同做好车外车内的清洁整齐工作。

（3）车未停稳时，严禁上下车。上下车前应先观察周围情况，确认安全后再上下车。行车途中未到达作业点时，禁止下车。车辆倒车时，集运员应下车指挥。

（4）作业车辆进、出垃圾点，集运员应举手示意，遇有车流时，应有一名集运员适当阻挡车流或向其做出解释。

（5）起动压缩装置时，应禁止人员及人员手臂进入投入口内；后提升工作时，严禁在后提升下进行清扫作业或其他活动。

（6）操作液压装卸系统时，要注意轻加油、轻磕桶、轻放桶。减少后提升的使用次数，降低油耗，减轻桶的损坏，体现节能高效原则。

（7）污水箱内的污水要定点及时排放，不得随处乱排放，排放时应注意清洁卫生，不能造成二次污染。排放后盖好盖，确保安全。排放污水时严禁踏在防护网上。转弯时应慢行，避免污水沿途遗撒。

（8）集运员需拖桶行走时，要随时注意身后情况。严禁手抓桶沿、单手拖桶或一人一次拖两桶垃圾，避免手、臂扭伤。作业时，身体不能超过在路中心一侧的车身。

（9）在垃圾处置场内倾倒垃圾作业时，车厢后部禁止站人。

5.3 作业标准

5.3.1 生活垃圾收集运输

（1）生活垃圾收集方式可分为袋装收集和散架收集，也可分为桶装收集和车载容器收集。

（2）应结合辖区社会经济条件与收集设施配置情况等选用投放形式与

收集容器的不同组合，并应根据当地人口数量、服务半径、经济条件等因素确定收集方式。

（3）垃圾不得裸露，收集运输设备应密闭，防止尘屑洒落和垃圾污水滴漏。

（4）垃圾收集应实施分类进行，餐饮垃圾不得混入生活垃圾收运系统。

（5）垃圾应采用不落地的收集方式，散装垃圾不得投入各类固定容器或堆场做临时存储。

（7）清扫垃圾宜单独收集、运输及处理。农村地区的灰土宜就地填埋处理。

（8）农贸市场宜建垃圾收集站或采用大容积密闭容器收集垃圾，应由收集车定时定点收集，并应日产日清。

（9）垃圾运输模式应根据收集点、收集站的分布及运距、运输量并结合地形、路况等因素确定。

（10）当垃圾实际运输距离小于10千米时，宜采用直接运输模式。

5.3.2 生活垃圾收集车辆配置

（1）生活垃圾宜采用机动车与非机动车相结合的方式收集；应按生活垃圾产生量和收运距离相应配置非机动车或1吨左右的小型机动收集车，小型机动收集车辆配置数量应按《生活垃圾收集运输技术规程》（CJJ 205-2013）计算。

（2）非机动车及其他吨位机动车的数量，也可按《生活垃圾收集运输技术规程》（CJJ 205-2013）中的公式进行相应的换算确定。

（3）垃圾收集车除应满足密闭运输的基本要求外，还应符合节能减排、低噪、防止二次污染等整体性能要求。

5.3.3 收集站设施设备

（1）生活垃圾收集站设施设备的配置应高效、环保、节能、安全、卫生；

（2）同一行政区域内的垃圾收集站设施宜统筹规划建设，宜选用统一型号、规格的机械设备等；

（3）收集站机械设备的工作能力应综合日有效运行时间和高峰时段垃圾量确定，并应使其与收集站工艺单元的设计规模（吨／天）相匹配，保证其可靠的收集能力，并应留有调整余地。

5.3.4 运输车辆及装载容器

（1）垃圾收集站应按收运工艺要求及特点采用相应的运输方式及装载容器。

（2）应依据垃圾装载容器（垃圾箱）的类型和规模选择匹配的运输车辆。将垃圾运往末端处理设施的运输车辆额定载荷不宜小于5吨。

（3）收集站配套运输车辆数的计算方法应符合《生活垃圾收集运输技术规程》（CJJ 205-2013）的规定。

5.3.5 污染控制

（1）垃圾收集站设置的绿化隔离带应进行经常性的维护和保养。

（2）垃圾收集站设置的通风、降尘、除臭、降噪等装置应进行及时维护和保养。

（3）应保持垃圾收集站地面平整，不得残留垃圾、积水；收集车（容器）应完好，严禁洒落垃圾、滴漏污水。

（4）作业过程中应保持收集运输车辆的整体密闭性能。

（5）应采取合理有效的措施，减少收集车辆作业过程中产生的噪声对周围生活环境的影响。

（6）收集站中产生的污水宜直接排入市政污水管网。对不能排入污水管网的，站内应设置污水收集装置。

5.3.6 安全生产与劳动卫生

（1）垃圾收集运输设施设备及运行的安全卫生措施应符合现行国家标准《生产过程安全卫生要求总则》（GB/T 12801-2008）的有关规定；

（2）垃圾卸料平台等危险位置的安全警示标志应完好、清晰，并应符合现行国家标准《图形符号安全色和安全标志第 1 部分：安全标志和安全标记的设计原则》（GB/T 2893.1-2013）的规定；

（3）应设置垃圾收集站作业人员更衣、洗手和工具存放的专用场所，并应保持其完好、整洁；

（4）垃圾收集作业人员上岗时应穿戴（佩戴）劳动保护用具、用品；

（5）收集站内应做好卫生防疫工作，并定期对蚊、蝇、鼠进行消杀。

6 清洁直运过程中的问题分析与处理

下面以杭州为例,分析城市垃圾清洁直运过程中存在的问题及处理办法。

6.1 直运法律配套问题

目前,有关清洁直运的相关配套法律、法规尚为空白,而清洁直运经过四年的运行实施,已极大地改善了居民生活环境,有效地提升了城市品位,得到了广大市民的接受与肯定,为立法提供了强大的民意基础。我们有必要加快制定相关法律、法规,为工作持续推行提供必要的法规政策支持,促使其健康发展。

当前清洁直运立法需要重点解决四个方面的问题:一是持续保障问题,主要是对运作资金给予有效保障;二是作业场地的保障问题,主要包括居民垃圾投放点、直运集置点、接驳点、垃圾处置场等必要场地建设方面的法律保障;三是直运设施设备的保护问题;四是直运作业时间的保障问题。

为了解决以上问题,杭州市环境集团有限公司组织专家组编写了企业标准——《清洁直运作业技术规程》,员工和居民积极配合,根据标准展开清洁直运工作,有效地解决了以上这些问题。

6.2 清洁直运的时间问题

目前,杭州市清洁直运的作业时间主要集中在 4:00—12:00。在实际工作中,不少市民建议将垃圾清运时间安排在 8:30 以后。但因为尚存在大量现实问题,直运作业时间无法延后。

主要原因如下：一是基于历史沿革因素，前端环卫晨扫作业时间一般为 4:00—6:30，同时，不少保洁与物业公司环卫作业（如小区保洁与拖桶集置等）的时间也安排在早晨，杭州市环境集团有限公司需要考虑作业衔接与配合问题；二是杭州市相关行业管理部门也规定，每日 7:30 之前要完成垃圾清运工作，并将其列入对各区街道、社区的考核，故环境集团必须以此为节点倒排作业时间；三是若推迟清运作业时间，作业车辆则必然会遇到城市交通早高峰，如果在这个时段清运垃圾，势必会进一步增加城市交通拥堵程度。特别是主城区相当多的清运作业点就在道路和企事业单位周边，将清运时间调整到 8:30 以后，附近进出作业通道在工作时间会成为临时停车位，有可能导致清运车辆无法进入作业。

为进一步做好城市垃圾清运工作，确定合理的作业时间，提升市民满意度，杭州市环境集团有限公司向市政府、市有关职能部门提出相关方案，具体包括：

（1）作业考核时间适当后延；

（2）加强社区垃圾桶集置点建设，改变进入小区逐点逐桶作业方式，有效减少清运作业对市民的影响；

（3）积极推行城市生活垃圾定时、定点、定次收运的管理方式。

市政府、市有关职能部门对这些方案进行开会研究后，对这些方案给予了肯定。

6.3 清洁直运与垃圾分类投放管理的问题

自 2010 年以来，杭州市创新开展了居民生活垃圾分类收集工作，杭州市环境集团有限公司在实施垃圾清洁直运的同时，还承担了杭州市区分类垃圾中厨余垃圾和其他垃圾的清运任务，至 2012 年共计开通分类垃圾清运专线 68 条，设置分类垃圾清运车辆 68 台，张贴分类专用标志。其中厨余（厨房）垃圾清运专线 31 条，配置厨余（厨房）垃圾清运车 29 台，双腔清运车 2 台。对全市 1160 个小区共计 1892 个分类收集点实施垃圾分类运输，分类直运率达到100%。2011年共清运分类垃圾12.54万吨，日均清运343吨，其中厨余（厨房）垃圾5.94万吨，日均清运162.82吨。2012年共清运分类垃圾15.90万吨，日均清运435吨。实施垃圾分类工作是一项社会工程，在当前加强对中端运输与末端处置管理的同时，加强分类投放管理亦是当务之急，但杭州市各类涉及有关分类工作的方案中尚未对分类投放管理责任与措施进行细化明确。

杭州市环境集团有限公司提出了以下方案：

（1）杭州市要尽快明确垃圾分类投放管理的具体监督管理措施，如明确人员配备、设施、施行标准、管理方法，包括明确前端分类垃圾桶配置标准；

（2）在分类小区中，设置明显的分类垃圾集置点标识，并保留足够的清洁直运车辆通行和作业场地；

（3）加强对分类投放的细节考核。

这些方案在实际操作中起到了至关重要的作用，有效地改善了垃圾分类投放管理的问题。

7 清洁直运相关法律法规

20 世纪 90 年代，中国开始建构城市生活垃圾治理的法律体系。经过近 30 年的发展，我国在生活垃圾的收运及处置方面制定并颁布了多部法律法规及政策，有力地推动了我国垃圾处理向减量化、资源化、无害化方向发展。然而，从整个国家层面来讲，生活垃圾治理的法律体系还不够完善，部分法律法规还缺乏可操作性。

7.1 政策法规沿革

20 世纪 90 年代，我国开始建构城市生活垃圾治理的法律体系，整个体系以《中华人民共和国宪法》（以下简称《宪法》）中的相关环境保护条款为基础。1989 年 12 月 26 日公布并实施的《中华人民共和国环境保护法》（以下简称《环境保护法》）是环境保护方面的基本法，要求对包括城市垃圾在内的污染物采取防治措施，避免环境污染。该条款成为城市垃圾管理及污染防治等其他法律法规的立法基础。1995 年 10 月 30 日，《中华人民共和国固体废物污染环境防治法》公布，此后，经过了 2004 年、2013 年、2015 年和 2016 年的四次修订，该法在"生活垃圾污染环境的防治"中明确了分类收运的要求，即"对城市生活垃圾应当及时清运，逐步做到分类收集和运输，并积极开展合理利用和实施无害化处置"。该法对垃圾的收集、运输和处置三个阶段已有较具体的规定，并明确了县级以上地方人民政府及其各部门在垃圾处理方面的责任。

1992 年 6 月，国务院颁布了《城市市容和环境卫生管理条例》，并在 2011 年、2017 年进行了部分条款的废止和修改工作。该条例对我国城市市容和环境卫生管理工作提出了较为具体的要求。条例第二十八条规定："对城市生活废弃物应当逐步做到分类收集、运输和处理。"

2007 年 4 月，基于《中华人民共和国固体废物污染环境防治法》（以下简称《固体废物污染环境防治法》）、《城市市容和环境卫生管理条例》等法律、行政法规，建设部颁布了《城市生活垃圾管理办法》，对城市生活垃圾的清扫、收集、运输、处置及相关管理活动提出了更具体的要求。其中第十五条规定："城市生活垃圾应当逐步实行分类投放、收集和运输。具体办法由直辖市、市、县人民政府建设（环境卫生）主管部门根据国家标准和本地区实际制定。"同时，第十六条规定："城市生活垃圾实行分类收集的地区，单位和个人应当按照规定的分类要求，将生活垃圾装入相应的垃圾袋内，投入指定的垃圾容器或者收集场所。"

2008 年 8 月，《中华人民共和国循环经济促进法》颁布。该法关于垃圾分类的条文不多，内容也很宽泛，但是它进一步提出要减少垃圾的产生量，对垃圾进行再利用，实现垃圾的资源化。可以说，立法者开始有意识地用法律手段来引导民众对垃圾进行分类。

国务院 2013 年印发的《循环经济发展战略及近期行动计划》中明确要求，加快建设循环型社会，到 2015 年，构建起先进完整的再生资源回收体系，垃圾分类工作取得明显进展。

我国生活垃圾管理立法体系包括法律、行政法规、部门规章、地方性法规、标准和规范性文件，目前已经初成体系，其中法律 6 部、行政法规 4 件、部门规章 3 件、其他规范性文件 15 件。

各地方政府也逐渐意识到环境保护的重要性，开始关注城市生活垃圾的分类回收，并根据地区的环境特点制定了各自的地方性法规、规章和法律性文件，细化了垃圾分类的具体规定，在制定垃圾分类的详细标准、明确相关管理责任等方面起到了一定的积极作用。我国颁布的与垃圾分类相关的主要政策有：

（1）《关于公布生活垃圾分类收集试点城市的通知》（建设部，2000 年）；

（2）《城市生活垃圾分类及其评价标准》（建设部，2004年）；

（3）《关于印发城市供水、管道燃气、城市生活垃圾处理特许经营协议示范文本的通知》（建设部，2004年）；

（4）《中华人民共和国固体废物污染环境防治法》（国务院，2015年修订版）；

（5）《国务院关于加快发展循环经济的若干意见》（国务院，2005年）；

（6）《中国城乡环境卫生体系建设》（建设部，2006年）；

（7）《城市生活垃圾管理办法》（建设部，2007年）；

（8）《商品零售场所塑料购物袋有偿使用管理办法》（商务部、国家发改委、工商总局，2008年）；

（9）《中华人民共和国循环经济促进法》（全国人民代表大会常务委员会，2008年）；

（10）《废弃电器电子产品回收处理管理条例》（国务院，2009年）；

（11）《中国资源综合利用技术政策大纲》（国家发改委、科学技术部等，2010年）；

（12）《关于组织开展城市餐厨废弃物资源化利用和无害化处理试点工作的通知》（国家发改委、住建部等，2010年）；

（13）《当前国家鼓励发展的环保产业设备（产品）目录（2010年版）》（国家发改委、环境保护部（现生态环境部），2010年）；

（14）《关于集中开展限制生产销售使用塑料购物袋专项行动的通知》（国家发改委、工业和信息化部等，2011年）；

（15）《关于印发循环经济发展专项资金支持餐厨废弃物资源化利用和无害化处理试点城市建设实施方案的通知》（国家发改委、财政部，2011年）；

（16）《固体废物进口管理办法》（环境保护部（现生态环境部）、商务部等，2011年）；

（17）《循环经济发展战略及近期行动计划》（国务院，2013年）；

（18）《住房城乡建设部等部门关于开展生活垃圾分类示范城市（区）

工作的通知》（住建部、国家发改委等，2014 年）；

（19）《住房城乡建设部等部门关于全面推进农村垃圾治理的指导意见》（住建部等，2015 年）。

自 20 世纪 80 年代起，从政策类别来看，我国的垃圾治理政策从以城市环境卫生、垃圾收运管理为主的政策主题，走向以循环利用、产业化、源头减量等为主的综合治理主题，从单一末端治理阶段走向综合治理阶段。从政府职能来看，从单一的政府部门全权管理阶段开始扩及企业参与垃圾减量化、再循环利用的整合管理阶段。

7.2 管理体制

生活垃圾处置是市政服务的重要组成部分，属于城镇基础建设范畴，以创造环境效益和社会效益为主要目标。垃圾处置的好坏牵涉到城镇总体规划、环卫专项规划、气象条件、地形地质条件、环境保护、生态资源、城市交通、动迁条件及公众参与等因素，必须要有完善的国家政策、地方法规、行业标准等进行规范。

1979 年卫生部归口城建部门管理后，全国城市市容环境管理工作逐步规范。1992 年，国务院签发 101 号令《城市市容和环境卫生管理条例》，这是国务院颁发的第一部市容环卫法规。条例规定，各级城市建设行政主管部门主管城市的市容和环境卫生工作，建设部城建司下设的市容环卫处具体负责全国城市环境卫生管理工作，各省、自治区、直辖市的建委（建设局）下设环境卫生管理局（处），代表市政府具体管理全市的环境卫生工作。

目前，全国各城市的建委（建设局）下设的环卫局（处），代表政府具体管理全市的环境卫生工作，形成了市、区、街道三级管理体制。近几年，政府体制不断改革，管理机构名称也在不断变化，如北京市的市政市容管理委员会，上海、太原、广州等城市的市容环境卫生管理局（环卫局）等。

为进一步规范管理分工，2011 年国务院批准住房和城乡建设部、环境保护部等 16 个部委联合发布《关于进一步加强城市生活垃圾处理工作的意见》，明确了生活垃圾管理方面各部门的分工。

（1）住房城乡建设部负责城市生活垃圾处理行业管理，牵头建立城市生活垃圾处理部际联席会议制度，协调解决工作中的重大问题，健全监管考核指标体系，并将其纳入节能减排考核工作；

（2）环境保护部（现生态环境部）负责生活垃圾处理设施环境影响评价，制定污染控制标准，监管污染物排放和有害垃圾处理处置；

（3）发展改革委员会会同住房城乡建设部、环境保护部（现生态环境部）编制全国性规划，协调综合性政策；

（4）工业和信息化部负责生活垃圾处理装备自主化工作；

（5）科技部会同有关部门负责生活垃圾处理技术创新工作；

（6）财政部负责研究支持城市生活垃圾处理的财税政策；

（7）国土资源部（现自然资源部）负责制定生活垃圾处理设施用地标准，保障建设用地供应；

（8）农业部（现农业农村部）负责生活垃圾肥料资源化处理利用标准的制定和肥料登记工作；

（9）商务部负责生活垃圾中可再生资源回收管理工作。

具体到地方政府层面，一般是由住建部门和环保部门负责生活垃圾的具体管理，其中住建部门负责生活垃圾的清运、处理处置及相关设施建设的管理工作，环保部门负责生活垃圾处理处置过程中的污染防治管理工作。

我国的生活垃圾污染防治法律系统已初步形成了以《宪法》中关于环境保护的规定为基础，包括环境保护基本法、单行污染防治法及行政法规、地方性法规和其他法律文件中相关规定在内的法律法规体系。

（1）《宪法》中关于环境保护的法律。《宪法》第二十六条规定"国家保护和改善生活环境和生态环境，防治污染和其他公害"，将环境保护作为一项宪法原则确立下来，是我国生活垃圾污染防治立法的根本依据。

（2）综合性环境保护基本法中的有关法律规定。《环境保护法》是我国的环境保护基本法，在环境保护法律体系中占据核心地位，其中关于污染防治的基本原则和制度是我国生活垃圾处置立法的重要组成部分。

（3）环境污染防治单行法中的法律规定。《固体废物污染环境防治法》是我国防治固体废物污染环境的专项法律。该法以生活垃圾处理减量化、资源化、无害化为原则，明确规定了生活垃圾的倾倒、清扫、收集、运输、回收利用和处置的全过程管理的基本要求。

（4）国务院行政法规和部门规章中的规定。其主要包括《城市市容和环境卫生管理条例》《城市生活垃圾管理办法》《国务院办公厅关于加强地沟油整治和餐厨废弃物管理的意见》《关于解决我国城市生活垃圾问题的几点意见》《关于进一步开展资源综合利用的意见》《关于全面开征城市生活垃圾处理费的通知》等。

（5）地方性法规和规章中的有关规定。《上海市市容环境卫生管理条例》《北京市限制销售、使用塑料袋和一次性塑料餐具管理办法》《杭州市生活垃圾管理条例》等。

目前我国主要的垃圾管理相关法律法规如下：

（1）《中华人民共和国城乡规划法》（2007年）；

（2）《中华人民共和国环境保护法》（2014年修订版）；

（3）《中华人民共和国固体废物污染环境防治法》（2015年修订版）；

（4）《中华人民共和国水污染防治法》（2008年修订版）；

（5）《城市规划编制办法》（建设部，2006年）；

（6）《城市规划编制办法实施细则》（建设部，2006年）；

（7）《城市生活垃圾处理及污染防治技术政策》（2000年）；

（8）《中华人民共和国国民经济与社会发展第十三个五年规划纲要》；

（9）《城市规划基本术语标准》（GB/T 50280–1998）；

（10）《城市道路交通规划设计规范》（GB 50220–1995）；

（11）《城市工程管线综合规划规范》（GB 50289–2016）；

（12）《城市给水工程规划规范》（GB 50282–1998）；

（13）《城镇污水处理厂污染物排放标准》（GB 18918–2002）；

（14）《城市排水工程规划规范》（GB 50318–2000）；

（15）《生活垃圾焚烧处理工程项目建设标准》（建标 142-2010）；

（16）《生活垃圾填埋处理工程项目建设标准》（建标 124-2009）；

（17）《城市生活垃圾堆肥处理工程项目建设标准》（建标 141-2010）；

（18）《城市生活垃圾处理和给水与污水处理工程项目建设用地指标》（建设部，2005 年）；

（19）《关于推行环境污染第三方治理的意见》（国办发〔2014〕69 号）；

（20）《中共中央国务院关于加快推进生态文明建设的意见》（2015 年）。

7.3 政府宏观管理

1.建立城市生活垃圾处理产业化运作机制

长期以来，生活垃圾处理服务被认为具有纯公共属性，我国大部分垃圾处理被视为政府责任，由政府所属事业单位全权负责，配套系统采用事业或准事业运营方式。政府是唯一的负责人，垃圾处理行业建设的资金投入与管理都是由政府一手包办。资金来源不足、经费紧张已成为政府部门的沉重包袱。此外，受之前计划经济管理体制的影响，垃圾处理行业通常与市场脱节，存在职责不清、效率低、融资难、社会监督不力等问题，导致我国很多城市的垃圾处理尚存在缺乏有效的监管、垃圾回收处理效率低下、处理成本高、投资浪费大等问题。

针对上述问题，2015 年 1 月 14 日，国务院办公厅印发《关于推行环境污染第三方治理的意见》，要求在环境公用设施、工业园区等重点领域推行环境污染第三方治理模式，并鼓励地方政府引入环境服务公司开展综合环境服务。所谓环境污染第三方治理，是指变"谁污染、谁治理"为"谁污染、谁埋单"。其具体做法是，排污企业或单位通过缴纳或按合同约定支付费用，委托环境服务公司进行污染治理。

《固体废物污染环境防治法》（2015 年修订版）第三十八条明确提出"促进生活垃圾收集、处置的产业化发展"，城市生活垃圾处理产业化把政府统管的公益性事业行为转变成政府引导与监督、非政府组织参与和企业运营的企业行为，把被分割成源头、中间和末端的垃圾处理产业链整合成一个完整的产业体系，以实现垃圾处理社会效益、经济效益和环境效益最佳化。

2. 引导民间资本介入城市生活垃圾处理行业

资金投入不足是制约我国城市生活垃圾科学处理的最大障碍。吸引多种经济形式参与城市垃圾清运与处理，是加快城市生活垃圾处理市场化和产业化进程的关键。当今世界潮流是环境保护投资市场化，环境保护投资体制应与经济体制相适应，这是各国的共识，也是发达国家的成功经验。在美、英、韩、波兰等新兴工业化国家，超过50%的污染削减和控制投资是由私营部门直接实现的，个别国家甚至高达70%。私人投资在环境保护投资中的比重逐步提高，已成为环保事业发展的潮流。

因此，解决我国城市垃圾污染问题的根本出路在于将垃圾处理产业化、市场化，拓宽城市生活垃圾处理产业的融资渠道，改变政府"既当运动员、又当裁判员"的运营管理模式，使政府转到监督管理的轨道上来。这也是我国政府当前正在着力推进的方向和着力点。

附录　垃圾分类与清洁直运的杭州模式

　　杭州自 2009 年起，以推行清洁直运和垃圾分类为突破口，以垃圾处理的资源化、减量化、无害化为目标，以垃圾不落地、垃圾不外露、垃圾不抛撒为标准，努力打造垃圾分类与清洁直运相结合，垃圾前端、中端、末端处置一体化，国内领先、世界一流的城市垃圾处理的杭州模式，掀起了一场城市管理的革命。经过多年实践与发展，这一模式已成为杭州这座"生活品质之城"的又一张"金名片"。

　　杭州推行垃圾分类和清洁直运以来，坚持政府重视、财政投入、技术支撑、文化引领、民众参与的"五位一体"工作思路，全面落实高起点规划、高标准建设、高强度投入、高效能管理的"四高"工作方针，全力推进清洁直运和垃圾分类工作，实现了垃圾分类和清洁直运工作由点到面的全面突破，并形成了一套相对完整的运作规范，切实做到了"垃圾不落地，垃圾不外露，沿途不渗漏"，新小区不再新建中转站，老小区中转站全面提升改造，受到了市民和社会各界的广泛好评。

　　杭州推行垃圾分类和清洁直运以来，实现了主城区垃圾中转站的零增长。随着杭州市城市化的逐步推进和人民生活水平的不断提高，杭州市区生活垃圾产生量呈逐年快速递增态势，近 6 年来年均增长率达到 11.31%。2009 年 9 月 25 日，杭州在钱江新城 101 个清运点和江干区 5 个中转站开展清洁直运试点，在全国率先走出了破解城市垃圾处理难的第一步。2010年 1 月，杭州市委、市政府下发《关于推行垃圾清洁直运的实施意见》（市委办〔2010〕1 号），对推行垃圾清洁直运提出明确要求，公布主要举措。实施清洁直运以来，通过桶车直运、车车直运等营运模式创新，使得"分散为主、集中为辅，直运为主、中转为辅"城市垃圾处理的新模式初步形成，也使杭州在垃圾产生量持续上升的情况下，未新增一个垃圾中转站。同时，围绕改善城市环境和提升市民生活品质的目标，杭州加快实施对原有垃圾中转站的改造和提升工程，先后完成了主城区41座垃圾中转站的提升改造，实施改造后的中转站在作业模式、外立面、标志标识、地面、操作区墙面、排水系统、设备设施、作业电器等8个方面实现从功能到景观的提升与完善。中转站原有的臭气、污水、作业噪音对居民的影响明显降低或消除，环境效应和社会效益显著。杭州原有垃圾中转站规划难、建设难和运营难的"三难"问题得到有效缓解，这为杭州市创建"全国文明城市""国家卫生城市"做出了应有贡献。

杭州推行垃圾分类和清洁直运以来，实现了因垃圾处置问题而引发群体性事件的零发生。城市垃圾处理工作与百姓生活密切相关。推行清洁直运和实施天子岭环境整治以来，杭州没有发生一起因垃圾处置而引发的群体性事件。2011年8月，在实施清洁直运两周年之际，杭州市统计局、杭州市民情民意办公室对杭州市1000户普通居民家庭、600户垃圾中转站周边居民家庭和500名"跟着垃圾去旅游"游客进行了清洁直运工作民意调查。结果显示，市民对垃圾"清洁直运"实施效果较为满意，92%的市民赞同杭州市推行的垃圾清洁直运方式，并认为对垃圾处理和居住环境的改善效果明显。其中，杭州市民对垃圾清洁直运实施效果总满意度高达79.7%；对垃圾中转站提升改造满意度达72.4%；对天子岭生态园区环境予以肯定，满意度达81.7%。

杭州推行垃圾分类和清洁直运以来，实现了垃圾分类投放的零突破。在推进清洁直运的同时，杭州在全市大力推广垃圾分类工作，为打造"国内最清洁城市"提供保障。2010年初，市委、市政府下发《杭州市区生活垃圾分类收集处置工作实施方案》（市委办发〔2010〕22号），拉开垃圾分类工作帷幕。杭州市借鉴外地经验、结合本地实际，在充分征求市民意见的基础上，制定了"四分类、四颜色、四环节"的垃圾分类方案。即将居民生活垃圾分为厨房垃圾（绿色）、其他垃圾（橘黄色）、可回收物（蓝色）、有害垃圾（红色）四类，进行分类投放、分类收集、分类运输、分类处置四个环节的全过程管理。2010年3月25日，杭州正式启动垃圾分类工作，同年9月10日起，垃圾分类工作在各城区陆续全面推开。截至2011年底，市区共有765个生活小区（约40.7万户家庭）参与了垃圾分类投放工作，占主城区生活小区总数的64%。在全方位的宣传引导下，杭州市民对于垃圾分类从陌生到熟悉，从不理解到积极参与，"垃圾要分类"的理念逐渐为广大市民所接受，越来越多的市民认为垃圾分类是自己的事，是每个公民应担当的责任。

据统计部门调查，96.7%的市民认同"垃圾问题是目前城市环境迫切需要解决的重要问题"；96.9%的市民认同"垃圾问题需要全体市民共同关注、共同解决，垃圾分类是有效途径"；89.9%的市民表示愿意使用环保袋购物、买菜，减少塑料袋的使用；市民自觉分类投放率为71.4%；市民对政府推动垃圾分类工作表示基本满意，总体满意度为78.2%。根据《杭州市区生活垃圾分类投放验收办法（试行）》，2011年末市领导小组办公室随机抽检百余个垃圾分类小区，结果显示分类小区的平均投放准确率为81.2%，分类准确率为78%，小区的达标率为81.1%。生活垃圾物化成分调查显示，厨房垃圾中厨余成分占82.14%，较未分类前提升约30个百分点，分类效果明显。实施垃圾分类后，主城区垃圾量增长速度得到有效控制，2010年、2011年主城区垃圾量分别为138.67万吨和143.3万吨，同比分别增长4.76%和3.3%。2011年与2010年相比，垃圾量增长速度下降了1.46个百分点，垃圾产生量开始减少。

杭州推行垃圾分类和清洁直运以来，实现了五城区垃圾前端、中端、末端的一体化管理。杭州始终坚持"边试点、边听意见、边完善"的原则，按照"先城区、后城乡，先中端、后前端，先现状、后优化"的步骤，稳步推进垃圾分类与清洁直运工作。同时，坚持把推行垃圾分类与清洁直运工作作为实施杭州市现有环卫体制改革的切入点，调整原有的市、区、街道分级管理城市生活垃圾的收集、运输、处理的模式，推行收运人员管理一体化、运输车辆管理一体化、中转站管理一体化的城市垃圾集、疏、运一体化新格局，基本确立了垃圾分类投放、分类收集、分类运输、分类处置"一竿子插到底"的垃圾处理"杭州模式",垃圾管理从末端的、被动的、消极的向前端、中端、末端一体化管理转变。目前,杭州清洁直运的范围覆盖了除滨江区之外的所有杭州主城区,先后共计开通线路315条,设置桶车直运点5411个,每天服务市民380万人次以上,主城区清洁直运覆盖率达100%,桶车直运比例上升至70%。同时,开通市区分类垃圾中厨房垃圾和其他垃圾的清运专线70条,设置分类收集点1050个,涉及全市40个街道(包括余杭区南苑街道、临东街道、星桥街道等3个街道),计254个社区。2011年,杭州市环境集团有限公司共直运垃圾175780车,计989473.16吨,日均2710.89吨;分类清运生活垃圾125445.81吨,日均343吨,分类直运率达100%。

杭州推行垃圾分类和清洁直运以来,得到了国家、省、市领导和国内外专家的肯定,也引起了海内外媒体的广泛关注。时任国务院副总理李克强对杭州市垃圾分类工作作出重要批示,时任省委书记赵洪祝批示:"杭州市垃圾分类的做法,受到了李克强副总理的重视,要不断加以完善和坚持下去。"国家住建部、中国城市环境卫生协会先后调研了杭州清洁直运工作,并给予了充分肯定。新华社浙江分社编发的《浙江领导参考》刊发了《垃圾站变身"花港观鱼"》,新华社主编的《内参选编》刊登了《防止"垃圾问题"变成"维稳难题"——杭州探索清洁直运成效明显》。2012年,由来自美国科罗拉多州丹佛大学、杨百翰大学、匹兹堡大学、霍华德大学等知名大学的21名教授组成的FDIB代表团在专程对杭州市环境集团有限公司进行考察后,高度肯定了杭州市的清洁直运工作及垃圾填埋工艺。同时,打造城市垃圾处理的"杭州模式"引起了国内同行的高度关注,北京、天津、成都、武汉、南京、南昌、苏州等城市纷纷来杭州交流学习。

虽然杭州在垃圾分类和清洁直运方面取得了阶段性成果,但从总体上看,依然面临着非常严峻的形势。城市垃圾处理作为世界性难题,要标本兼治地做好此项工作,无论从宏观层面建立健全相关制度、完善管理办法,还是从微观层面落实工作举措、解决相关问题,都有许多工作要做。杭州垃圾处置尚有"五大难题"需要破解。

　　难题之一：生活垃圾减量难。近几年来，杭州市区（不含五县市，下同）生活垃圾产生量呈现快速增长的态势。2010 年，杭州市区生活垃圾总量达到 250.42 万吨，平均日产垃圾 6861 吨，比 2005 年增加了 112 万吨，平均每天增加了 3069 吨，差不多翻了一番，年平均增长率达 12.7%。2011 年，杭州市区共产生生活垃圾 261.06 万吨，日均 7152 吨，同比增长 4.25%。其中，主城区 143.29 万吨，日均 3926 吨，同比增长 3.33%；余杭区和萧山区 111.04 万吨，日均 3042 吨，同比增长 3.52%。2011 年全年，杭州垃圾量（包括萧山区、余杭区）能填埋 1/6 个西湖。

　　难题之二：基础设施建设拓展难。垃圾处理设施作为不受大众欢迎的"厌恶性设施"，在其建设过程中经常出现因公众阻力集中反应而形成的"邻避效应"[①]，使得垃圾基础设施选址、扩建和新建都极其困难。杭州市区现有生活垃圾处理设施 6 座，设计垃圾处理能力为 6450 吨 / 天，其中填埋场 2 座，设计处理能力 3800 吨 / 天；焚烧厂 4 座，设计处理能力 2650 吨 / 天。2011 年，杭州市垃圾焚烧处理总量为 128.35 万吨，日均 3516 吨，其中主城区垃圾焚烧处理量为 51.34 万吨，日均 1407 吨，市区和主城区垃圾焚烧处理率分别为 49.16% 和 35.83%。各垃圾处理设施都已经处于超负荷运行状态，实际处理量远远超过预期。

　　难题之三：焚烧和厨余垃圾项目破题难。2009 年经市政府批准的《杭州市环境卫生专业规划（2008—2020）（修编）》要求，"根据杭州市区垃圾处理量和处理流向，为延长天子岭废弃物处理总场的填埋年限，大力推广垃圾焚烧利用，规划考虑在天子岭废弃物处理总场周边或范围内选址新建天子岭垃圾焚烧厂（暂命名），迁建杭州能达绿色能源有限公司（乔司）至江东工业园区，扩建杭州绿能环保发电厂（滨江），萧山区围垦外六工段垃圾处理场至 2010 年填满封场"。滨江焚烧厂虽预留二期用地，但至今

---

①邻避效应：指居民或当地单位因担心建设项目（如垃圾场、核电厂、殡仪馆等邻避设施）对身体健康、环境质量和资产价值等带来诸多负面影响，从而激发人们的嫌恶情结，滋生"不要建在我家后院"的心理，即采取强烈和坚决的、有时高度情绪化的集体反对甚至抗争行为。

未启动，乔司焚烧厂新建场址尚无进展，天子岭焚烧发电厂也因时机问题而未启动。厨余垃圾因其高产生量、高水分、高有机质特性，在国内尚无成功落地案例。末端分类处理设施跟进不及时，也将影响居民前端分类的积极性。早在 2007 年，杭州市就明确了打造"国内最清洁城市"的指标体系要求，其中包括到 2011 年主城区垃圾焚烧率要超过 50%。2007—2011 年，主城区的垃圾焚烧处理率从 32.19% 提升到 35.83%，仅仅提升了 3.64 个百分点，与指标体系要求尚有较大差距。要建设"焚烧处理为主体、生物处理为补充、填埋处理为保障"的生活垃圾处理体系，加快垃圾焚烧处理设施建设是当务之急。

难题之四：新的垃圾填埋场选址难。根据杭州市近年来垃圾增长速率，如末端设施无突破，预测杭州天子岭第二垃圾填埋场使用年限不足 7 年，而杭州再也找不到第二个天子岭这样的空间资源，届时杭州将面临垃圾围城之困。

难题之五：垃圾处理齐抓共管难。垃圾是每个人的问题，城市生活垃圾首、中、末端处置涉及方方面面。因而，在实施过程中，坚持做到统一规划、加强领导、明确责任、明确分工、有效协调、有效推进，显得尤其重要。但杭州市各级各部门在垃圾处理问题上，仍然存在认识不够到位、思想不够统一、举措不够有力等问题，给齐抓共管、推进垃圾分类一体化管理带来了一定难度。

一些发达国家和地区的城市垃圾处理有较高的水准，也积累了丰富经验，有许多成功的案例值得我们研究借鉴。

案例一：瑞典斯德哥尔摩

瑞典的垃圾处理原则是最大限度地循环使用，最小限度地填埋，优先顺序分别为减少垃圾的产生、重复利用、再循环、填埋。根据 2009 年的统计数据，瑞典有 48% 的垃圾进行焚烧处理，35% 回收再利用，14% 做生化处理，1.4% 非有机垃圾予以填埋（要缴税），1% 是有害垃圾。

瑞典的垃圾桶大致分成四格，分别盛放有机垃圾、金属、玻璃、纸类等。社区垃圾收集站有许多不同颜色的容器，方便对号入座。此外，垃圾分类还有细则。比如，有色玻璃和无色玻璃要分开，牛奶盒要冲洗干净，不能留有奶渍，化学物品等不能回收，要投放到专门收集点……如果对垃圾分类有任何问题，不知道该如何归类的，居民可以打电话到垃圾处理信息中心、或者上管理部门网站寻求答案。

瑞典首都斯德哥尔摩水道纵横、桥岛相连，约有 7.3 万个垃圾收集点，涵盖了 14 座岛上 40 万户住宅和别墅所产生的生活垃圾，每周由承包商派出的清运卡车收集一次，如果承包商没有尽责，会立刻被判出局。至于有害垃圾，有专车每晚在 100 个固定点巡回收集。

超市也在垃圾回收链条中扮演着重要角色。根据"押金回收制度"，消费者将喝完饮料的易拉罐、塑料瓶和玻璃瓶投入超市自动回收机后，机器就会自动吐出收据，消费者按照收条上的数字到收银台兑换现金，每回收 1 只易拉罐或玻璃瓶可从商场领取 0.5—2 瑞典克朗（1 瑞典克朗约折合人民币 1.04 元）。

经过严格分类的垃圾将被回收利用，未回收利用的垃圾则被运到集中的回收工厂进行再生利用或焚烧。

垃圾回收不光是消费者的事情，企业生产者也要负责。1994 年，瑞典政府提出了"生产者责任制"，法律规定生产者应在其产品上详细说明产品被消费后的回收方式，消费者则有义务按照此说明对废弃产品进行分类，并送到指定的回收处。这条法令适用于包装、废纸、汽车、轮胎等。生产商必须保证废旧物品的收集、运输、再利用和填埋处理的程序合法化，即必须以健康和环境保护为着眼点来处理废旧物品。

案例二：日本北九州市

北九州市位于日本九州岛的最北端，是日本四大工业基地之一，为日本经济的高速增长发挥了巨大作用；但同时，也出现了严重的环境公害问题。为解决环境公害问题，从 1960 年到 2003 年，日本中央政府、北九州地方政府和各大企业总共投入了 8000 亿日元，以发展地区循环经济为目标，市民、企业和政府三位一体强力开展环境保护活动。北九州静脉产业园主要由综合环保联合企业、实验研究区和再生资源加工区共同组成，通过完善园区的技术研发体系及各企业间的生态产业链，不断提高废物循环利用率。北九州市内共设立了 26 个针对各种工业生活垃圾的专用循环装置，致力于建设一个不产生任何废弃物的"零排放"生态体系。借鉴相关经验，日本已建成 26 个类似北九州静脉产业园区，发展静脉产业已成为日本建立循环型社会的重点领域和切入点，也是日本为发展循环型社会树立的典型示范。它不仅成为解决环境问题的主要途径，而且已经成为当地新的经济增长点，受到了日本政府的积极响应和大力支持。

日本垃圾分类工作从 1988 年开始，至今已有 30 余年。日本目前将生活垃圾主要分为可燃、不可燃、粗大、资源、有害垃圾。可燃垃圾包括厨房垃圾、纸屑、木块等；不可燃垃圾包括陶瓷器皿、玻璃、金属、塑料等；粗大垃圾包括家具、电器产品等……每一类垃圾的"终点"都有着明晰的路径。可燃垃圾直接送往垃圾焚烧厂，烧完的残渣在垃圾填埋场填埋；不可燃垃圾被送往不可燃垃圾处理厂，经拆解利用制成再生品，剩余物送往填埋场；粗大垃圾先经专门的破碎处理，可利用成分进行回收；资源类则送往再生处理设施进行加工利用，生产出再生品；危险类垃圾被送往专门危险类处理机构。居民家庭垃圾袋需自己购买，10 升垃圾袋约 10 日元（约折合人民币 0.6 元）。分类垃圾收集遵循"定点投放，定时收集"的原则，东京规定居民每周可倒可燃垃圾 3 次，可倒不可燃垃圾 1 次；每月收集大型垃圾 2 次。投放垃圾时间规定在收集日前一天的晚上，而且要放在清扫局指定的地点，第二天上午 10 时许，垃圾清扫车会将垃圾运走，并把地面打扫干净。环卫车按照不同日期收运不同的垃圾，将垃圾运到处置中心。推行垃圾分类工作初期，以居委会为单位，对分类工作做得好的小区，可给居委会奖励。如未按垃圾分类要求进行分类，居委会将会把垃圾送回居民家中。垃圾科学分类收集的方法大大简化了垃圾处理工艺，降低了垃圾处理成本，同时也使垃圾资源得到充分利用。

案例三：韩国首尔

焚烧是韩国首尔市生活垃圾处理的最主要方式。首尔市人口约 1049 万，每天垃圾产生量约 1.15 万吨，人均每天约产生 1.1 千克生活垃圾。首尔市共有4座大型垃圾焚烧厂。焚烧厂的投资运营均采取政府投资、企业承建、政府委托企业管理的模式。

芦原资源回收中心位于韩国首尔东边高速公路边，与芦原区青少年修道馆仅一路（约3米）之隔。青少年修道馆类似于我国的青少年宫，内设音乐、跆拳道等青少年修道馆训练班及各种游乐设施。芦原焚烧厂于2000年开始建设，投资800亿韩元（约折合人民币8.5亿元），每天处理量约600—1200吨，燃烧炉温度为900℃—1000℃。为推进焚烧厂建设，政府给予距焚烧厂围墙300米范围内的居民供热、供电费用30%减免，物业费减免优惠。由于烟尘尾气达标排放，焚烧厂按照花园式工厂建造，且焚烧厂周边居民还可享受一定补贴，因此出现焚烧厂周边住户纷纷回迁现象。

案例四：中国台湾

2011年5月5日至12日，杭州市城市管理建设交流访问团赴台湾地区考察，交流考察活动围绕城市管理建设展开，重点是垃圾清洁直运和分类处理、交通设施营运及管理等内容。短短8天时间，访问团一行走访全台10个市县，先后访问了台北市环保局、北投垃圾焚化厂、中和区环卫清洁队及可利用垃圾回收处置工场，并深入社区了解市民垃圾分类和投放的过程。通过考察，初步了解了台湾地区垃圾清洁直运和分类处理全过程，期间，台北市围绕首、中、末端一体化处理生活垃圾的模式和台湾"垃圾不落地""定时定点收集生活垃圾""垃圾末端分类处置""建设可回收垃圾处理工场"等一些做法让人印象十分深刻。

1.推行"垃圾收集定点定时化"和"垃圾费随袋征收"政策，这是实现垃圾减量与前端分类的重要举措。"垃圾费随袋征收"贯彻了"污染者付费"的原则，市民必须购买专门的垃圾袋装垃圾，专用的垃圾袋分大小6种规格（价格包含清运费用），垃圾袋越少，缴费越少，促使民众自觉减少垃圾产生量。同时，实行定时定点投放垃圾，规定市民必须把垃圾直接交给垃圾车收运。垃圾运输车实行垃圾定时定点清运，垃圾运输车后跟随资源回收车，方便市民将"垃圾分类""资源回收"与"垃圾清运"一次完成。市民使用垃圾专用识别袋，按可回收和不可回收标准仔细分类，并在现场自觉接受清运人员的指导投放。

2. 垃圾末端分类处置是有效减量、循环利用的保证。台湾推行垃圾分类资源回收多年，末端垃圾焚烧处理、垃圾分类资源回收、厨余垃圾利用等设施和方式、方法完善且齐备。

3. 建立垃圾回收处置工场是实现垃圾分拣回收利用的保障措施。台湾在各地建立垃圾回收处置工场，对可回收物资进行再次分选处理。通过对回收过来的塑料、玻璃等材料的再次分选处理，将其集中运输到下游的资源化利用工厂作为生产原料，再进入生产环境循环利用。目前全台资源回收率已达约45%。

通过上述案例，我们可以得到以下启示。

启示一：政府主导是搞好城市垃圾处理的关键。城市垃圾处理不是一个技术问题，而是一个社会管理问题。台北市对城市垃圾处理一体化规划、一体化建设、一体化管理，用行政力量分阶段强势推进，充分体现了政府的有效控制力。垃圾收集运及焚烧处理均控制在政府，设备设施投入较大，从业人员社会地位较高，享受类似大陆的事业待遇，一般垃圾收集员月收入达4.5万台币。台北市从1996开始提出并推行垃圾不落地的城市管理举措，得到了历任台北市长的高度重视及持续推动。

启示二：全民参与是搞好城市垃圾处理的重要基础。一座城市的清洁，与市民自觉保护环境、合理处理生活垃圾的良好习惯不无关系。从20世纪80年代起，瑞典政府花了一代人的时间培养垃圾分类意识。政府曾采取措施，设定监督员在垃圾收集中心监督，抓到未按规定分类的就要进行罚款。但这种惩戒性的做法并不受欢迎，所以没能实施下去。后来，政府和各环保组织不遗余力地向成人普及垃圾分类知识，同时"从娃娃抓起"，教育小学生们垃圾分类及循环利用的好处，再由孩子回家告诉大人，在言传身教和互相监督中逐渐形成家庭传统。而在日本，从2001年6月开始，北九州静脉产业园区成为了中小学生和市民了解环境的学习教育基地，通过展板、展品介绍及对各循环再利用工厂的参观，让世人关注垃圾、关注环境，从小养成良好的环保习惯。

启示三：经济杠杆是搞好城市垃圾处理的有效举措。垃圾处理的终极目标是减量。斯德哥尔摩市垃圾清运费用遵循按量计费的原则，即垃圾产生量少，缴的钱就少。额度由市议会决定，业主承担，住户分摊。2000年7月1日起，台北市将原先垃圾费与水费一起征收改为垃圾随袋征收，即以专用垃圾袋为计量工具计算应缴垃圾费金额的方法。垃圾袋越大，装的垃圾量越多，所缴的垃圾费就越多。自2000年实施以来，到2009年，台北的垃圾产生量已下降50%，经济杠杆成效显著。

启示四：垃圾首、中、末端一体化规划是搞好城市垃圾处理的科学途径。台湾垃圾末端处置主要是一般垃圾焚烧，厨余垃圾熟料做饲料、生料堆肥，可回收垃圾循环再利用，因此垃圾前端的分类主要围绕末端处置来展开。可以说，前端准确有效的分类决定了后端有效可行的分类处置；前端分类不清也直接影响后端的有效分类处置，或者会极大地增加再次分拣的处理成本。因此，前端分类、中端分类清洁直运、末端分类处置必须一体化规划。

启示五：法制健全是搞好城市垃圾处理的有力保障。为加强资源的回收利用，减少垃圾的产生，保护环境，日本政府制订了《循环性社会形成推进基本法》《废弃物管理法》《资源有效利用促进法》《食品回收利用法》《汽车回收再利用法》等。瑞典相关法律规定，填埋有机垃圾是非法的，所有有机垃圾都要通过生物技术处理变为堆肥、沼气或混合肥料，或进行焚化。健全的法制对资源的有效利用及环境保护起到了重要作用。

总之，世界各国城市生活垃圾的管理经验虽因人口、资源、经济发展水平等因素的不同而呈现出具体操作方法上的多样性，但却都存在一种共性，即以政府为主导、以法律为保障、以减量化再生循环利用为核心，研究开发与环境相适应的新技术，运用市场手段和宣传教育工具调动社会力量的参与积极性，逐渐实现垃圾处理的产业化，并最终将其纳入整个社会经济体系的循环中，实现社会的可持续发展。

杭州实施垃圾分类与清洁直运以来，积累了宝贵而丰富的成功经验，为打造具有杭州特色、时代特征的垃圾处理杭州模式奠定了扎实基础。

第一，坚持"四高"方针。坚持高起点规划、高强度投入、高标准建设、高效能管理的"四高"方针，扎实推进各项工作，有效减少二次垃圾污染，带来了城市的清洁，提高和改善了市民群众生活质量及居住品质。杭州将继续坚持高起点规划、为推行垃圾清洁直运提供硬件支撑；高标准建设、高强度投入，全力推进清洁直运、天子岭填埋作业法提升、大型清洁直运停保场建设、静脉产业园区规划建设等一系列垃圾处置工作，解决城市的出口问题；高效能管理，为推行垃圾清洁直运提供行业规范；一体化运营，为推行垃圾清洁直运提供效率保障；全方位宣传，为推行垃圾清洁直运提供社会基础。

第二，坚持"四力合一"。积极整合各类资源，充分发挥政府、市场、企业、社会的作用，实现政府主导力、企业主体力、市场配置力、社会协同力"四力合一"。此前，为推进垃圾分类及垃圾清洁直运工作，杭州市分别成立了垃圾分类及清洁直运工作领导小组。由于垃圾的收运和处置等是一项系统工程，应大力加强领导，成立由市主要领导亲自协调的垃圾处置工作机制，系统规划、组织实施垃圾分类投放、分类运输、分类处置、有效减量工作，充分体现"四力合一"的作用。

第三，坚持"三为主三为辅"的原则。针对中转站选址难、建设难及填埋场臭气等问题，杭州市委、市政府于2009年8月提出"焚烧为主、填埋为辅，直运为主、中转为辅，分散为主、集中为辅"的"三为主三为辅"城市垃圾处理原则，并在市区初步构建垃圾集、疏、运一体化格局，缓解了垃圾中转站的选址难、建设难、运营难矛盾。

第四，坚持破解"五难"问题。为确保垃圾分类与清洁直运工作扎实有效推进，杭州市委、市政府在政策和资金等方面提供了坚强保障，着力解决"有人、有钱、有房、有车、有章"的问题。一是明确政策保障。杭州市出台了《关于推行垃圾清洁直运的实施意见》《杭州市区生活垃圾分类工作实施意见》等20余项政策文件，明确了指导思想、工作原则、目标任务、工作职责以及资金保障措施，还将生活垃圾分类纳入市对区城市管理目标考核内容。二是落实资金保障。实施垃圾分类工作以来，市财政共投入垃圾分类专项经费7768.42万元，各城区政府根据市区财政1∶1的配套政策落实相应设施保障经费，保障了垃圾分类工作的顺利推进。实施清洁直运工作以来，市财政共投入 2.95 亿元，用于直运中转站改造、清洁车辆采购、清洁直运停保场建设等。三是落实人员保障。在社区设立城管工作室，将垃圾分类纳入社区城管专职人员的工作职责。着力加强垃圾分类教员队伍、指导员队伍、志愿者队伍"三支队伍"建设，这"三支队伍"已经成为推进垃圾分类工作不可或缺的重要力量。加大投入，改善环卫工人生产生活条件。加强环卫工人队伍建设，高度重视环卫工人的在职教育与培训，不断提高环卫工人素质和能力。

第五，坚持创新发展。一是分类管理创新。在统一垃圾分类标准的基础上，集思广益，群策群力，创新举措，加强管理，提高垃圾分类实效。开展了垃圾分类"实名制"（"实户制"），即在厨房垃圾专用袋上贴上住户家庭门牌号码，对居民垃圾分类情况进行公示、监督；现场指导制，即安排指导员在垃圾投放高峰时段现场指导居民正确投放；试点"垃圾不落地"，即在有条件的小区，取消垃圾桶，居民在早晚规定时段内直接将垃圾投进分类收集车。这些举措极大地提高了垃圾分类质量，也在社会上产生了很好的反响。二是作业标准创新。在垃圾集、疏、运上提出了"垃圾不落地、垃圾不暴露、沿途不渗漏"的国际先进水平标准。"城市生活垃圾清洁直运法"发明专利已通过国家知识产权局初审。三是作业模式创新。对清洁直运模式进行探索和实践，从实践中总结经验并不断完善。通过不懈努力初步形成了清洁直运四种模式，即桶车直运模式、车车直运模式、直运代替模式和接驳站（以车代机、厢车对接）模式，并推出了以"四承诺、六规范"为标志的一套较完整的清洁直运操作规范，使"倒垃圾用上地毯"，获得了市民的普遍好评。四是车辆设施创新。与国内知名环卫车辆厂家密切合作，根据杭州清洁直运的实际需要创新研发了具有杭州特色的全系桶车直运车、车车对接母子车、双压缩分类垃圾运输车、中转站接驳车（厢）、全新型电瓶清洁车 5 种国内首创车辆，确保了杭州的清洁直运在设备上达到"国内领先、世界一流"的标准。五是处理技术创新。自主研发 GZBS 垃圾渗滤液处理工艺，建成投运沼气发电厂。与传统处理工艺相比，GZBS

处理工艺年减排 COD 总量 8180 吨，相当于 30 万人全年的 COD 排放量。天子岭作业法提升，各项环境指标显著下降，硫化氢、氨气、臭气强度三项指标同比下降 66.07%、6.99%、80.89%。

第六，坚持以文化助推城市垃圾处理工作。坚持"垃圾围城，文化解围"的理念，将垃圾与文化结合，采用各种文化艺术形式和手段，创新多种载体，扩大影响面，推动观念的转变，倡导心灵减量。一是开展"携手 1 ＋ 6 清洁进家门"活动，让"清洁杭州"从家庭做起、从社区做起，做到"小手牵大手，清洁大杭州"。二是在杭州天子岭第一垃圾填埋场封场区域进行生态复绿，创建成 80000 平方米的国内首座垃圾堆体上的生态公园，作为环境教育实践平台和第二课堂，对市民和学生进行环境保护教育。三是在 2011 年 4 月推出"跟着垃圾去旅游"——国内首条生活垃圾"集、疏、运、埋、覆、用"全过程市民生态游活动，让市民来到现场亲自感受生活垃圾产生后，从前端清扫收集、清洁直运到进行垃圾分类处理及资源化利用的整个流程，受到了市民的欢迎。四是在中国城市环境卫生协会的支持下，成立中国城市环境卫生协会垃圾与文化研究中心，推行垃圾文化研究，提高市民环境意识，养成良好习惯，促进垃圾减量。五是成功举办了第一届和第二届全国"垃圾与文化"论坛。六是创办了国内首本垃圾与文化研究杂志《回天》。七是开办了陶瓷印馆，将瓷印产业和环保产业相结合，培育文化创意产业的新亮点。

要做好垃圾分类与清洁直运工作，必须抓紧落实以下十大举措。

第一，实施垃圾处置费随袋征收制度。实施垃圾处置费随袋征收制度，利用经济杠杆促进居民家庭实施垃圾分类、减少产生垃圾，是遏制垃圾源头增长、实现垃圾减量化的有效方法。台北市通过采取随袋征收办法为主的政策，使台北垃圾量在 1999 年至 2009 年间下降了 66%。目前，杭州居民小区环卫服务费即保洁、垃圾清运处置费按 50 元 / 年·户收取，其中 20 元用于垃圾清运处理，远低于主城区生活垃圾的直运和处理成本 236.6 元 / 吨。而且，环卫服务费用收取还存在未与居民家庭实际垃圾量挂钩、对不按规定交费的居民家庭缺少处罚措施等问题，对推进垃圾分类、实现垃圾减量作用不大。实施垃圾处置费随袋征收制度，通过经济杠杆的作用来解决垃圾的资源化和减量化的问题，使垃圾"资源化、减量化、无害化"真正深入人心，将有利于杭州城市垃圾处理事业的健康持续发展。实施垃圾处置费随袋征收制度，必须把握好以下原则。一要体现"谁产生谁付费"的原则。制定相应政策或地方性法规，明确规定居民投放垃圾必须使用专用垃圾袋，不按规定执行的要进行处罚，确保垃圾处置费随袋征收政策的严肃性。二要体现"多排放多付费、少排放少付费"的原则。用垃圾袋体积大小代表垃圾量的多少，垃圾袋越大，装的垃圾量越多，所需支付的垃圾处置费也越多。三要体现"混合垃圾多付费、分类垃圾少付费"的原则。把随袋征收与垃圾分类有机结合起来，明确对其他垃圾收费、厨余垃圾不收费，促使居民将厨余垃圾从其他垃圾中分离出来。

第二，实现垃圾分类回收的科学化。正确的垃圾分类方法，必须考虑处置的配套，垃圾处置能做到什么水平，垃圾就怎么分类，而不是只管分类、不管处置。杭州市垃圾分类的"四分法"重点是将"厨余垃圾"从混合垃圾分类中分离出来，这样做可提高"其他垃圾"的热值，提高焚烧发电的能源转换效率，也为富含有机质的厨房垃圾资源化利用提供了路径。但由于目前处置水平的滞后，不能完全实现垃圾分类的意义。我们要根据当前垃圾处置的实际水平和技术，对城市生活垃圾进行科学分类，充分利用生活垃圾的无限资源，建立生活垃圾资源化、再利用的循环经济模式；加强资源再利用的科学规划，加大财政投入，建立垃圾资源化再利用长效机制，重点做好培训、宣传、教育和引导，充分调动社区干部和广大市民的积极性，鼓励全社会参与垃圾分类。

第三，攻克厨余垃圾减量化、资源化的处理技术难题。杭州市城市垃圾成分的监测数据显示，2011 年杭州市厨余垃圾占生活垃圾总量的55.45%。按照"专门设置，分类处理；生化产沼，自然降解；跟踪监测，完善提升"的思路，在天子岭垃圾填埋场对分类后厨余垃圾进行了分类填埋，只是权宜之计。要坚持根据处置方法确定分类办法的原则，敢试敢闯，从末端处置环节入手，解决厨余垃圾的出路问题。当前，可以先学习台北市的经验，将厨余垃圾细分成"生""熟"两类，"生厨余"垃圾进行工厂化生物处理生产有机肥，"熟厨余"垃圾经过高温蒸煮后喂猪，提高厨余垃圾的再利用效率，实现减量化、资源化。

第四，尽快启动垃圾焚烧厂的提升改造、扩容建设。垃圾焚烧是城市垃圾末端处置的一个主要方向。目前，杭州市区4座垃圾焚烧厂焚烧处理能力严重不足。随着"十二五"期间社会消费水平的快速提升，生活垃圾产生量的快速增长，焚烧处理能力的缺口将进一步扩大。同时，由于受理念、投资、用地、技术等条件影响，现有的4座垃圾焚烧厂普遍存在建设标准低、设施陈旧、规模偏小、工艺落后、运行不稳定、临时停炉检修、配套设施不完善等问题。现有的焚烧厂主要以焚烧发电为目的，环保设施投入相对不足，厂区环境卫生状况差，普遍缺少污水、飞灰、炉渣等的配套处理设施，存在环境质量问题引发环保事故的风险，与国内先进城市（苏州）、日本等发达国家差距甚远，也与杭州市生态文明城市建设要求极不相符。为此，要遵循"控点、扩容、减排、提质"要求，按现有处理设施布局，统一规划，科学决策，加快推进垃圾焚烧处理能力建设。要落实"四个坚持"：一是坚持"一厂一策"。现有焚烧处理厂符合规划要求的，坚持实施原地改造提升；不符合规划的，实施异地改造。二是坚持"拆一补一"。对就地改造难以实施的，按照控点要求，坚持现有焚烧处理设施点数量不变，实施异地选址改造。三是坚持"先建后拆"。实施异地改造的，为保障垃圾处理服务不间断，必须坚持新厂建成并投入运行后再拆除原厂。四是坚持改造与扩能相结合。结合原地改造与异地改造工程，在提升质的同时，提升焚烧处理能力，满足城市发展和环境质量需求。要强化政府主导，借鉴先进经验，由政府掌握垃圾焚烧处理资源主导权。坚持"国内第一、世界一流"的标准，加大政府投入力度，把垃圾焚烧处理设施建设作为民生工程、生态工程来抓，切实提高垃圾焚烧处理能力和水平。要强化推进力度，抓紧制定《杭州市区生活垃圾处理能力建设推进方案》，明确建设原则、目标、任务及相关政策保障措施，切实加快垃圾焚烧处理设施建设进度。

第五，坚持城市垃圾处理一体化的管理体制。当前，杭州市末端垃圾处理设施主要分布在余杭区和萧山区。由于萧山区行政管理体制相对独立，垃圾处置设施未能与主城区实施共建共享，只处置萧山区产生的生活垃圾。在过去几年，曾一度出现主城区垃圾处置设施超负荷运行，萧山区垃圾处置设施却出现闲置的情况。余杭仓前垃圾焚烧厂主要负责余杭区生活垃圾，西湖区及西湖风景区垃圾处理量低于其处理规模的 20%。由于老城区生活垃圾处置体制改革方案中，未把余杭锦江垃圾焚烧厂纳入垃圾处置体系中，西湖区大部分垃圾被迫舍近取远，只能运往较远的杭州市第二垃圾填埋场，大大增加了垃圾运输成本。这从杭州市垃圾处置整体利益考虑是不经济的。从现有垃圾处理设施资源布局看，余杭仓前垃圾焚烧厂是杭州市西部地区唯一的垃圾处理设施，是解决杭州市老城区生活垃圾的出路，为实现垃圾焚烧处理率达到 50% 以上的目标，这是必须考虑的现实问题。

为了破解即将面临的"垃圾危机"，加强城市垃圾处理一体化管理势在必行。杭州市应统筹垃圾处理设施资源，优化产能规模，分步将余杭区、萧山区垃圾处置设施纳入统一管理体系。这不仅有利于杭州市垃圾处置调度、统筹安排，也能促进杭州市垃圾处置资源配置的优化。杭州市垃圾处理一体化管理还应拓展至五县（市），着力构建统一的垃圾处置监管体系，强化对区、县（市）垃圾处理监管工作的指导和服务，提高其垃圾规范化处置水平和服务质量。

在推进垃圾分类、清洁直运工作的同时，要不断完善相应的政府监管体系。对于垃圾分类监管，以政府主导，建立由市级、城区、社区及公众组成的多层次、多维度监管网络。其中市级监管机构给予宏观指导，城区、社会及公众作为具体监管实施者，各司其职，充分发挥各个阶层的力量，形成监管合力，从而构建由政府监管为主导、公众监督为辅助的监管体系。对于清洁直运监管，也形成了以各城区属地监管为主、市级监管为辅的监管模式。

第六，高起点规划建设天子岭静脉产业园区。一个城市可减少一个工业区、旅游区，但绝不能没有出口区。根据《杭州市国民经济和社会发展第十二个五年规划纲要》及《杭州市生态文明建设规划（2010-2020 年）》等规划要求，以打造"通畅的城市出口"为目标，杭州市城投集团委托上海市环境设计院编制了以"一个目标、四大产业、六大功能、三步走、百年基地"为思路的《杭州天子岭生活垃圾循环经济产业园区（静脉产业园区）》规划，集垃圾处置、垃圾清运、资源再生利用、设备研发制造、综合管理服务、科研宣教等六大功能于一体，该规划于 2012 年 2 月通过由国家住房和城乡建设部环境卫生工程技术研究中心、上海同济大学、浙江省发改委及杭州市发改委、市规划局、市环保局、市国土资源局，以及杭州市拱墅区人民政府等专家和职能部门参加的专家论证。通过政府立项、控规调整、制定政策、明确责任、加快推进，按照垃圾处理全过程所需的生产、生活等配套设施要求，积极推动天子岭垃圾填埋场转型改造，打造花园式的静脉产业园区。

第七，完成全市垃圾中转站的提升改造任务。杭州市原有垃圾中转站 69 座，2010 年，杭州完成了 21 座中转站提升改造，2011 年完成了 21 座中转站提升改造，其余 27 座计划于 2012 年完成。要有序推进，保质保量，确保年度改造目标的顺利完成。同时，随着城乡一体化的推进，城郊接合部中转站运行方式和环境水平与主城区差距较大。要根据建立清洁直运城区一体化管理体制要求，推动垃圾中转站的提升改造任务从六城区逐步向萧山、余杭和五县（市）推广。

第八，着手开展杭州垃圾分类直运的立法工作。运用杭州市人大及其常委会的立法职能，着手开展垃圾分类直运的地方立法调研工作，通过立法，建立城市垃圾处理的"三大机制"，为杭州垃圾处置提供法制支撑。一要建立"谁产生谁付费"的机制。利用经济杠杆，引导市民自觉实行垃圾减量。二要建立"谁导入谁受益"的机制。上海市自 2012 年开始实施《上海市生活垃圾跨区县转运、处置环境补贴实施办法》，规定垃圾导出区对垃圾处置导入区按每吨 50 元（2013 年增至每吨 100 元）进行补贴，该资金主要用于城市垃圾处置的项目建设，较好地体现了"谁导入谁受益"的政策倾斜。三要建立"谁邻居谁补偿"的机制。北京市自 2012 年 3 月 1 日起实施《北京市生活垃圾管理条例》，规定垃圾按照多排放多付费、少排放少付费、混合垃圾多付费、分类垃圾少付费的原则，逐步建立计量收费、分类计价、易于收缴的生活垃圾处理收费制度，产生生活垃圾的单位和个人应当按照规定缴纳生活垃圾处理费。为处理好与城市"厌恶性设施"周边老百姓的关系，韩国首尔和中国台湾建立了周边居民的环境回馈制度，譬如台湾每焚烧1吨垃圾提取200元新台币作为改善焚烧厂周边环境的专项资金，作为对周边居民配套市政公用设施和水电等物业费用补偿。从推动杭州城市垃圾处理事业长远的发展来说，应参照上述地区和城市的管理办法，通过地方立法，逐步确立起以上三种机制，切实为城市垃圾处理工作的良性开展创造条件。

第九，加大垃圾分类直运的宣传教育力度。生活垃圾源头减量应列入教育体系，从娃娃抓起，将《关于进一步加强城市生活垃圾处理工作的意见》（国办发〔2011〕9号）中要求的城市生活垃圾处理市长责任制层层分解，列入各区、街道、社区政府基层管理职能，通过设立垃圾分类形象大使、开展"跟着垃圾去旅游""第二课堂"等行之有效的活动，加强对垃圾处理工作的宣传、教育、培训，构建人人关注垃圾、面对垃圾从而减少垃圾产生的全民教育体系。积极开展形式多样的垃圾处置宣传活动，通过各类新闻媒体对垃圾处置工作进行全面新闻宣传报道，营造良好的舆论氛围。

第十，切实加大对垃圾分类、清洁直运的领导。城市垃圾处理是城市正常运行的重要组成部分，也是一项系统社会创新管理工作，艰巨性、复杂性、长期性、系统性特征明显。应加强领导建立日常协调工作机制，统一规划，明确重点，各负其责，加强协调，全力推进。整合垃圾分类和垃圾直运资源，合并相应机构，理顺市、区两级管理体制。结合市、区（县、市）政府机构改革机遇，进一步理顺市城管委承担的垃圾分类、直运、处置等统筹协调、行业管理职责及市、区两级职责划分，由市编委办会同市法制办、市城管委等部门通过调研提出意见，经市委、市政府同意后，在相关部门的"三定"职责中予以明确。

实施垃圾分类和清洁直运，是利国利民的实事工程、民心工程，杭州将继续办好这件大好事、大实事，进一步完善杭州模式，让杭州这座"生活品质之城"天更蓝、水更清，让杭州市民生活得更加幸福。